四川省产教融合示范项目系列教材

电机与控制实验教程

主　编◎倪文波
副主编◎陈　勇

西南交通大学出版社
·成　都·

图书在版编目（C I P）数据

电机与控制实验教程 / 倪文波主编. -- 成都 ：西南交通大学出版社，2023.11
ISBN 978-7-5643-9356-4

Ⅰ. ①电… Ⅱ. ①倪… Ⅲ. ①电机 – 控制系统 – 实验 – 教材 Ⅳ. ①TM301.2-33

中国国家版本馆 CIP 数据核字（2023）第 111714 号

Dianji yu Kongzhi Shiyan Jiaocheng
电机与控制实验教程

主编 / 倪文波
责任编辑 / 赵永铭
封面设计 / 吴　兵

西南交通大学出版社出版发行
（四川省成都市金牛区二环路北一段 111 号西南交通大学创新大厦 21 楼　610031）
发行部电话：028-87600564　028-87600533
网址：http://www.xnjdcbs.com
印刷：四川森林印务有限责任公司

成品尺寸　185 mm × 260 mm
印张　7.75　　字数　192 千
版次　2023 年 11 月第 1 版　　印次　2023 年 11 月第 1 次

书号　ISBN 978-7-5643-9356-4
定价　26.00 元

PREFACE 前 言

“电机与控制”课程是机械类专业的一门重要的专业基础课程。电动机的电气控制系统，特别是 PLC 控制系统设计是课程教学的重要组成部分。

最初的可编程逻辑控制器（Programmable Logic Controller，PLC）以逻辑控制为主，其是以微处理器为核心的工业通用自动控制装置，具有控制能力强、使用方便灵活、小型化、可靠性高、易于扩展、通用性强等优点。不仅可以取代传统的继电器控制系统，还可以进行复杂的生产过程控制并应用于工厂自动化网络。现在 PLC 已扩展了模拟量调节、数字运算、监控、通信及联网等功能，所以将其改为可编程序控制器（Programmable Controller，即 PC）。但为与个人计算机 PC 相区别，仍然将其称为 PLC。

PLC 控制技术是现代工业四大支柱技术（PLC、机器人、CAD/CAM、数控）之一，已经广泛运用于工业生产各个领域，掌握 PLC 控制技术是课程教学的重点和难点。为此，在四川省“交大-九洲电子信息装备产教融合示范”项目资助下开展课程实验课程建设。结合最新工业现场中关于伺服电机、步进电机、变频电机等新型电机技术、现场总线、触摸屏显示控制、传感器技术的发展，课程教学组以工业现场电机控制及 PLC 控制为目标，更新了原有 PLC 控制系统实验设备。同时考虑当前学生在计算机语言学习方面水平的提高，摒弃了原有着重于对 PLC 编程语言学习为主的教学思路，设计开发了面向工业现场控制的实验项目。通过实验项目练习，可提高学生的电机 PLC 控制水平、软件开发及动手能力，巩固课堂教学效果。本实验内容有助于提升学生将来在工作中开发新型机电一体化产品的能力，对提高工业生产效率有很重要的意义。

研究生郭炎冰参与完成了实验教程的编写，并完成了实验项目的程序调试，实验台安装工作。特此表示感谢。

由于编者水平有限，书中不足之处在所难免，敬请广大读者提出宝贵的建议和意见。

编 者

2023 年 4 月

CONTENTS 目 录

第 1 章　实验设备概述

电机的继电器控制系统已经在“电工技术”课程有所涉及，因此本门实验课程只包含 PLC 控制系统设计所涉及的硬件和软件学习。考虑实验台成本，分别建立了变频器电机模块实验台和伺服电机模块实验台，如图 1.1 所示。实验台上设备主要包含 PLC 及模拟输入输出模块、微型三相变频电机及变频器、伺服电机及驱动控制器、步进电机及驱动控制器、触摸屏、丝杆螺母、编码器、温度传感器，以及常用的低压电器，如表 1.1 所示。

实验台上设备通过组合，完成的控制范围基本覆盖工业控制现场常见运用，包括简单的按钮指示灯逻辑控制、基于网络的触摸屏控制及显示、三相电机变频调速控制、步进电机速度及位置控制，以及伺服电机速度闭环控制系统的控制等。

实验台采用模块化设计，除完成“电机与控制”“机电传动与控制”课程实验教学内容要求外，还可以开展 PLC 控制的工程实训。

本章将简要介绍试验台上主要设备的结构、工作原理和接线。

（a）变频电机及变频器模块实验台

（b）伺服电机模块实验台

图 1.1　实验台实物照片

表 1.1　控制设备清单

序号	设备名称	型号规格	数量	备注
1	PLC 主机	ST20 DC/DC/DC	1	
2	PLC 数据采集模块	AM03	1	
3	7 寸触摸屏	TK8071iP	1	
4	步进电机	42BYCH34-401A	1	
5	步进电机驱动器	MicrostepDriverTB6600	1	
6	三相电机	3IK15A-S	1	

续表

序号	设备名称	型号规格	数量	备注
7	变频器	VFD-M	1	
8	伺服电机	台达 ECMA-C20401ES	1	
9	伺服电机驱动器	台达 ASDA-B2	1	
10	丝杆螺母	直径 8 mm，导程 8 mm	1	
11	温度传感器及变送器	PT100	1	
12	编码器	HN3806-AB-600N	1	
13	固态继电器	SSR-40DA	1	
14	开关电源	MS-50-24	1	
15	继电器	OmronLY2N-J	1	
16	断路器	DZ32-32 C16	1	
17	USB 转 485 模块/网口		各 1	
18	限位开关	V-155-1C25	2	
19	按钮开关	LA9	5	
20	指示灯	AD6-A	5	
21	旋钮开关	AB6-A	1	
22	加热棒		1	
23	交换机	TP-LINKTL-SF1005D	1	
24	工具、网线及导线		若干	

1.1 S7-200 SMART CPU

1.1.1 CPU 特性

S7-200 SMART CPU 是西门子公司继 S7-200 CPU 系列产品之后推出的小型 CPU（中央处理器），CPU 本体集成了一定数量的数字量 I/O 接口。其中标准型 CPU 集成一个 RJ45 以太网接口和一个 RS485 接口，紧凑型 CPU 仅集成一个 RS485 接口。S7-200 SMART 系列 CPU 不仅提供了多种型号 CPU 和扩展模块，能够满足各种配置要求，其内部还集成了高速计数、PID 和运动控制等功能，以满足各种控制要求。

目前西门子 S7-1200 系列 CPU 是其最新型的小型 PLC，其基本功能与 S7-200 SMART 相差不大，主要区别在于强调了网络化，在本体上集成了 PROFINET 网络接口。从学习 PLC 控制系统编程原理、项目开发的角度来说，S7-200 SMART 系列 PLC 已经能够满足绝大多数工业运用要求，且学习资料较多，因此实验台上仍然选用相对便宜的 S7-200 SMART 系列 PLC。

本实验台上 PLC 采用的 CPU 型号为 ST20DC/DC/DC，技术参数如表 1.2 所示。

表 1.2 ST20DC/DC/DC 技术参数

参数名称		说明
外形尺寸 $W \times H \times D$		90×100×81
用户存储器	程序	12 kb
	用户数据	8 kb
	保持性	最大 10 kb
板载数字量 I/O	输入	12 DI
	输出	8 DQ（晶体管）
扩展模块		最多 6 个
信号板		1
高速计数器		200 kHz 时 4 个（单相）或 100 kHz 时 2 个（A/B 相）
脉冲输出		2 个，100 kHz
实时时钟，备用时间 7 天		有

1.1.2 安装

1. CPU 和机架安装尺寸要求

S7-200 SMART CPU 本体和扩展模块体积小，易于安装，可采用水平或垂直方式安装在面板或标准 35 mm DIN 导轨上。S7-200 SMART 采用空气自然对流进行冷却，因此在安装时必须在其上方和下方至少留出 25 mm 的间隙。此外，模块前端与机柜内壁间应至少留出 25 mm 的深度。CPU 安装尺寸如图 1.2 所示。

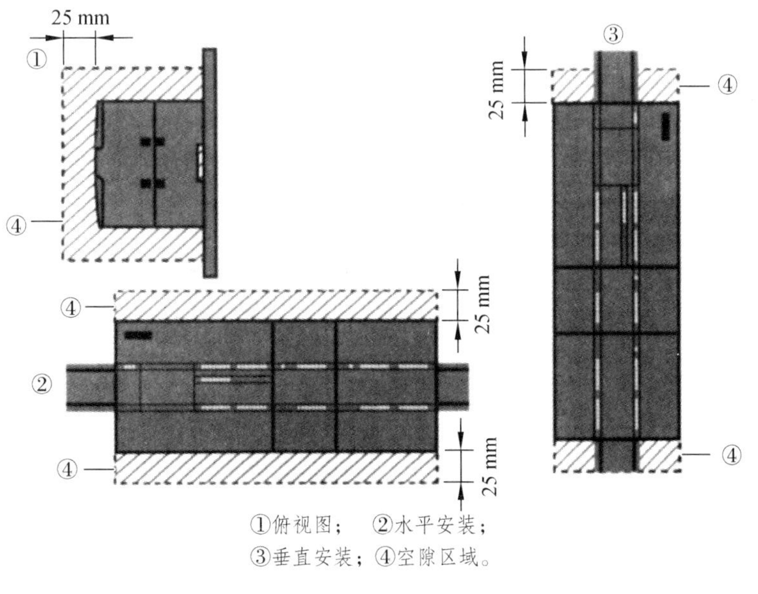

①俯视图； ②水平安装；
③垂直安装；④空隙区域。

图 1.2 CPU 安装尺寸

2. EM 扩展模块的安装与拆卸

S7-200 SMART CPU 扩展模块通过插针与 CPU 本体连接。EM 扩展模块连接方式如图 1.3 所示。

图 1.3 EM 连接方式

在安装 EM 扩展模块时，注意扩展模块上下两个固定插销和扩展插针这三个凸起点（见图 1.4）都要与 CPU 本体连接妥当。用力向外拔即可分离 CPU 本体和 EM 模块。可根据实际应用的需要选择是否扩展 EM 扩展模块以及扩展的个数。多个 EM 扩展模块之间没有先后顺序的要求，应结合实际硬件安装情况进行布线安装。

实验台上有一个数据采集扩展模块 EM03，具有 2 路模拟输入和 1 路模拟输出，可用于采集传感器输出模拟信号和输出模拟信号来控制变频器。

图 1.4 EM 的三个凸起点

1.1.3　供电接线

1. CPU 供电接线

S7-200 SMART CPU 本体有两种供电类型：24 V DC 和 120/240 V AC。DC/DC/DC 类型的 CPU 供电是 24 V DC；AC/DC/RLY 类型的 CPU 供电是 220 V AC。ST20 为 DC/DC/DC 类型的 CPU，采用 24 V DC 供电。图 1.5 给出了 S7-200 SMART CPU 供电的端子名称和接线方法，直流供电和交流供电接线端子的标识是不同的，接线时务必确认 CPU 的类型及其供电方式。

凡是标记为 L1/N 的接线端子，都是交流电源端；凡是标记为 L+/M 的接线端子，都是直流电源端。L+接 24 V DC，M 接地（0 V）。

注意： PE 是保护地（屏蔽地），可以连接到三相五线制的地线，或者接机柜金属壳，或者接真正的大地。PE 绝对不可以连接交流电源的零线（N，即中性线）。正常情况下，为抑制干扰也可以把 CPU 直流传感器电源的 M 端与 PE 连接，但若接地情况不理想则不能这样接线。

2. 传感器电源接线

S7-200 SMART 标准型 CPU 本体在模块右下角的位置都有一个 24 V DC 传感器电源，可以用来给 CPU 本体的 I/O 点、EM 扩展模块、SB 信号板上的 I/O 点供电，最大的供电能力为 300 mA。该传感器电源的端子名称和接线方式如图 1.6 所示。

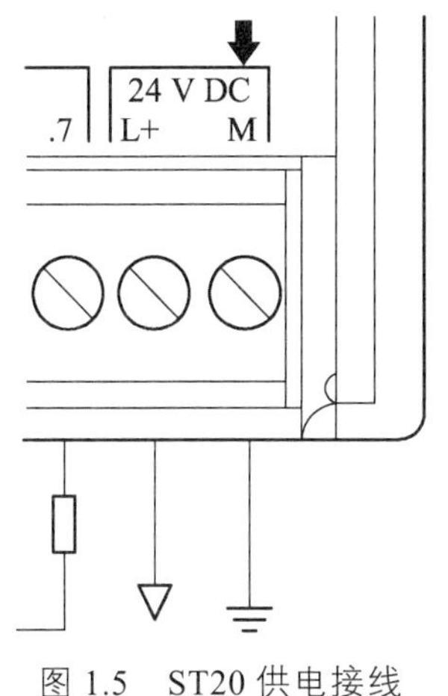

图 1.5　ST20 供电接线

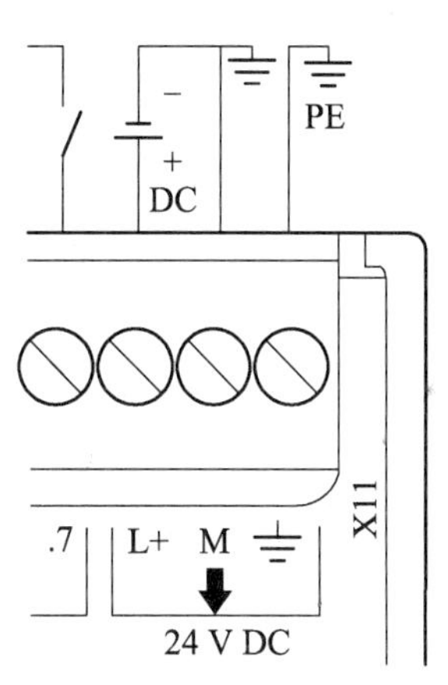

图 1.6　传感器电源接线

3. EM 扩展模块电源接线

不是所有的 EM 扩展模块都需要为其供电，比如 EM DT08 模块就不需要 24 V DC 电源。需要供电的 EM 扩展模块外接 24 V DC 电源，接线方式与 CPU 的 24 V DC 电源的接线方式一致。

1.1.4　I/O 信号接线

1. 数字量输入接线

S7-200 SMART CPU 本体的数字量输入都是 24 V DC 回路，可以支持漏型输入（回路电流从外接设备流向 CPU DI 端）和源型输入（回路电流从 CPU DI 端流向外接设备）两种输入信号。数字量输入接线方式如图 1.7 所示，对于漏型输入 CPU DI 接线端子 1M 接 24 V DC 电源的负极，对于源型输入 1M 端接 24 V DC 电源的正极。漏型和源型输入分别对应 PNP 和 NPN 输出类型的传感器信号。

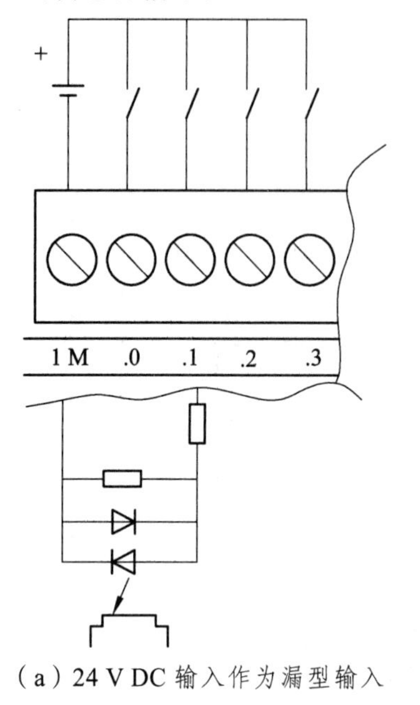

（a）24 V DC 输入作为漏型输入

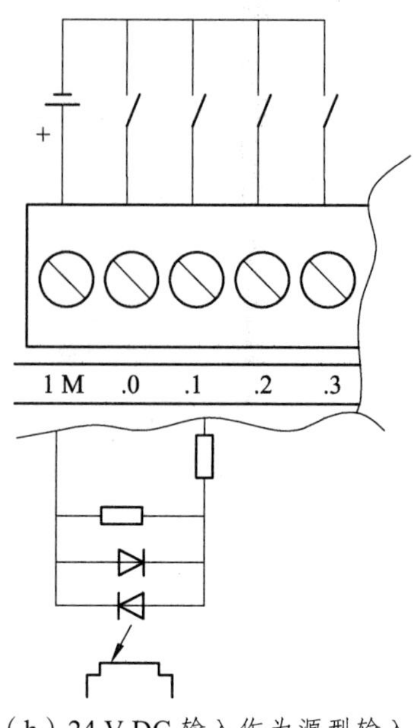

（b）24 V DC 输入作为源型输入

图 1.7　数字量输入接线

2. 数字量输出接线

S7-200 SMART CPU 本体的数字量输出有两种类型：24 V 直流晶体管和继电器，其接线方式如图 1.8 所示。晶体管输出的 CPU 只支持源型输出，如实验台上的 ST20。继电器输出可以接直流信号也可以接 120 V/240 V 的交流信号。

1.2　模拟量输入/输出扩展模块 EM AM03

EM AM03 模块是西门子 PLC 的模拟量输入/输出扩展模块，可以为 CPU 提供 2 路模拟量输入和 1 路模拟量输出。

1. 模拟量输入接线

模拟量类型的模块有三种：普通模拟量模块、RTD 模块和 TC 模块。

普通模拟量模块可以采集标准电流和电压信号。其中，电流包括 0 ~ 20 mA，4 ~ 20 mA 两种信号，电压包括±2.5 V、±5 V、±10 V 三种信号。S7-200 SMART CPU 本体上普通模拟量通道值范围是 0 ~ 27 648 或−27 648 ~ 27 648。

普通模拟量模块接线端子分布如图 1.9 所示，每个模拟量通道都有两个接线端。

模拟量电流、电压信号根据模拟量传感器仪表或设备的线缆个数分成四线制、三线制、两线制三种类型，不同类型的信号其接线方式不同。

四线制信号指的是模拟量传感器仪表或设备上信号线和电源线加起来有 4 根线，仪表或设备有单独的供电电源，除了两个电源线还有两个信号线。模拟量电压/电流四线制信号的接线方式如图 1.10 所示。

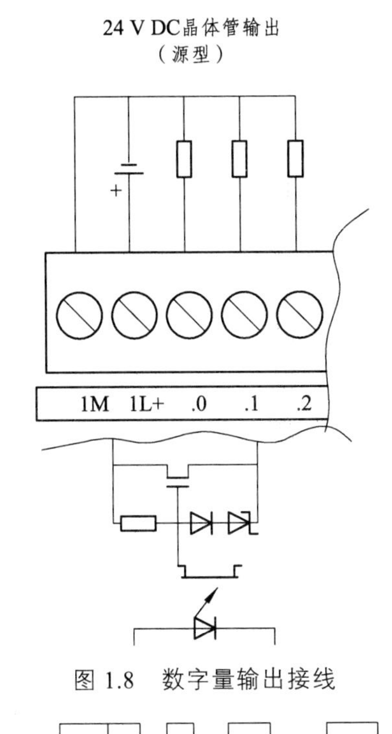

图 1.8　数字量输出接线

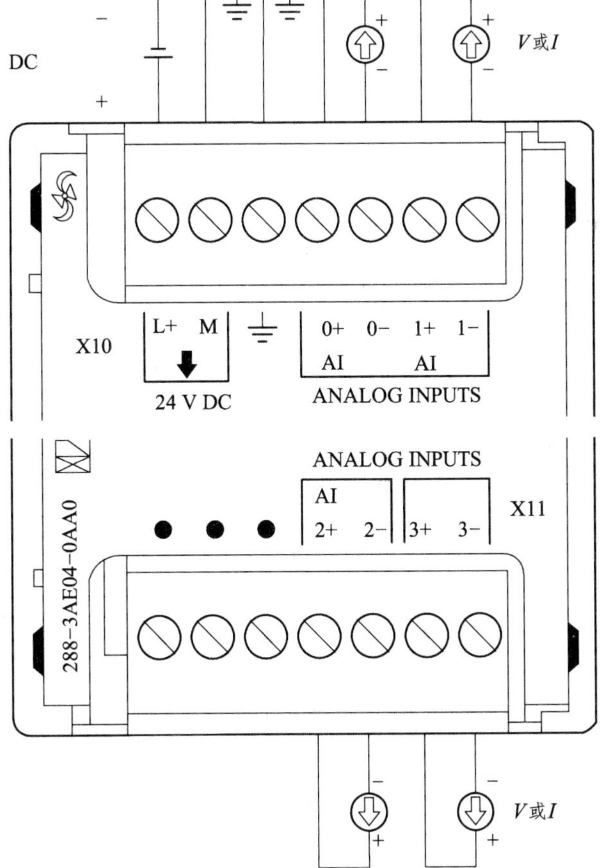

图 1.9　普通模拟量模块接线

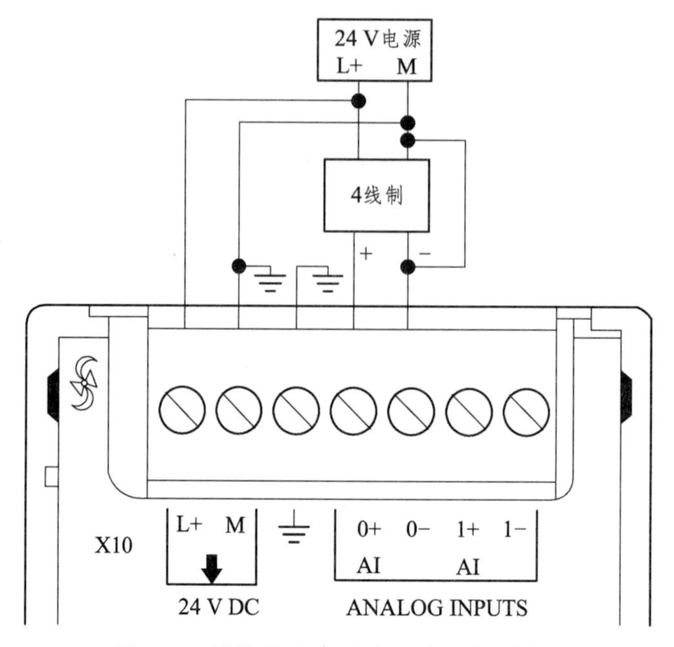

图 1.10　模拟量电压/电流四线制信号接线

三线制信号指的是传感器仪表或设备上信号线和电源线加起来有 3 根线，负信号线与供电电源 M 线为公共线。模拟量电压/电流三线制信号的接线方式如图 1.11 所示。

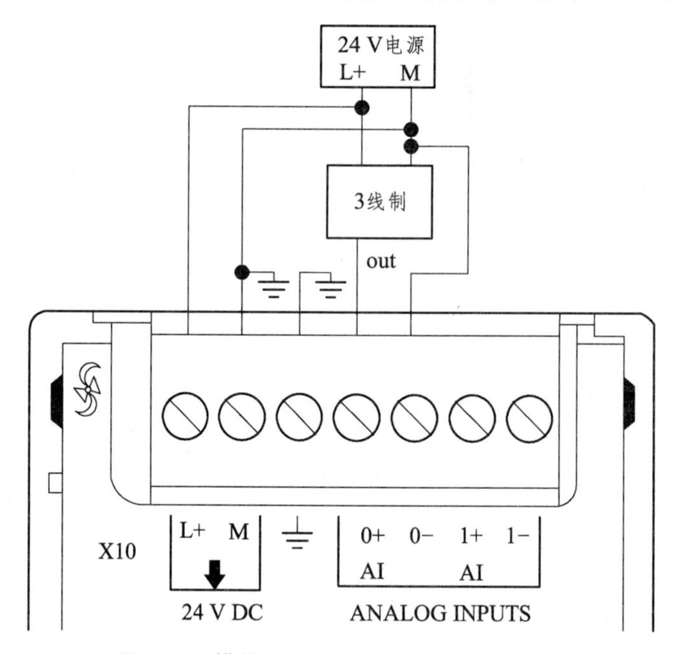

图 1.11　模拟量电压/电流三线制信号接线

两线制信号指的是仪表或设备上信号线和电源线加起来只有两个接线端子。由于 S7-200 SMART CPU 模拟量模块通道没有供电功能，仪表或设备需要外接 24 V DC 电源。模拟量电压/电流两线制信号的接线方式如图 1.12 所示。

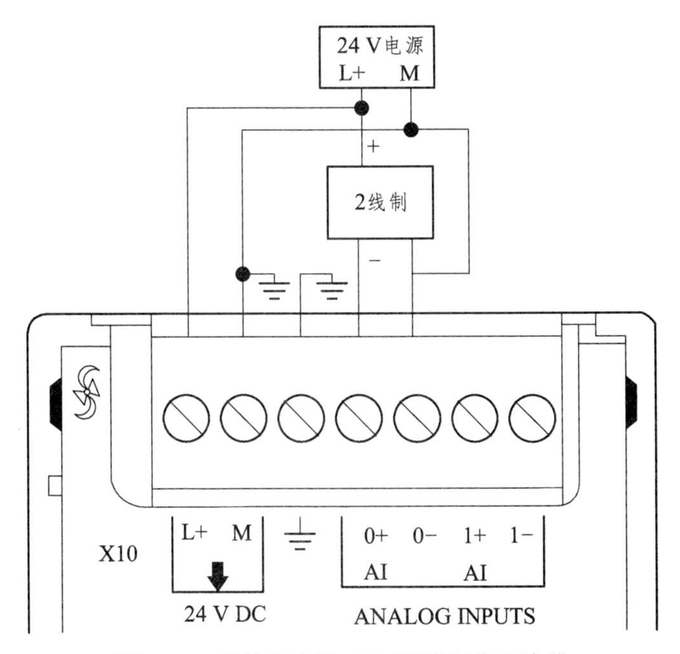

图 1.12　模拟量电流/电压两线制信号接线

实验台上使用的温度传感器经过变送器输出的是两线制信号，按照图 1.12 接线。

对于不使用的模拟量通道，要将通道的两个信号端短接，接线方式如图 1.13 所示。

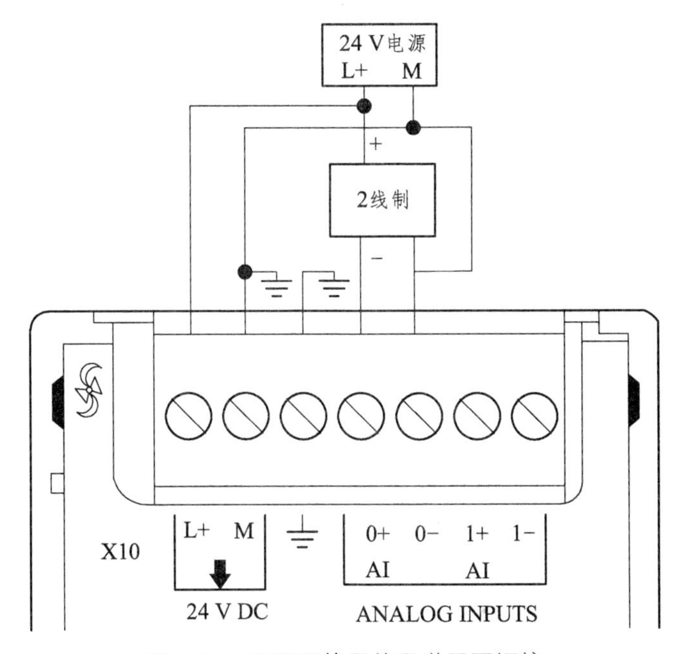

图 1.13　不需要使用的通道需要短接

2. 模拟量输出接线

EM AM03 模块模拟量输出均为四线制信号，每个通道都有两个接线端，最终输出是电流信号还是电压信号以编程软件内系统块设置为准，默认输出是电压信号。模拟量输出接线方式如图 1.14 所示。

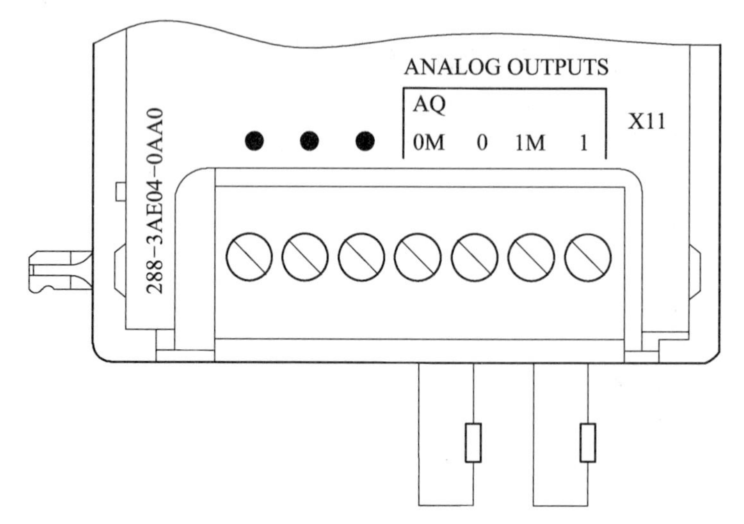

图 1.14　模拟量输出接线

1.3　7 寸触摸屏

本实验台配有一块 7 寸（1 寸≈2.33 厘米）触摸屏作为 PLC 的 HMI（人机接口）设备，如图 1.15 所示。用户可通过 HMI 设备对 CPU 发出控制指令或进行 PLC 工作状态和变量状态的显示，通常 HMI 设备具有以下功能：

· 显示 CPU 当前的控制状态、过程变量。

· 显示报警信息。

· 通过按钮或者可视化图片按键输入数字量、数值等。

· 通过 HMI 设备的内置功能对 CPU 内部进行简单的监控、设置等。

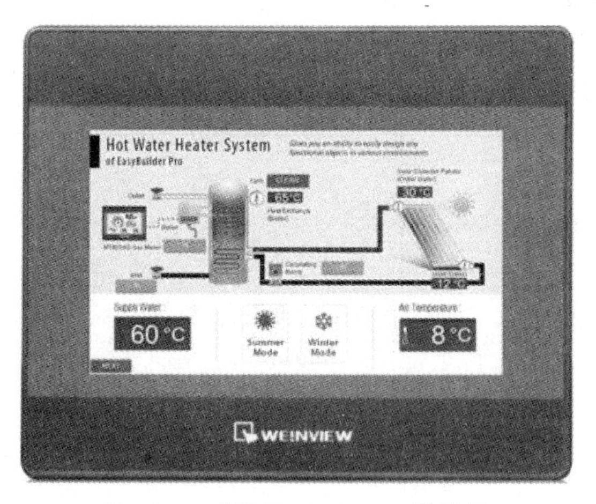

图 1.15　威纶通 TK8071iP 触摸屏

S7-200 SMART CPU 既可以通过控制器本体集成的以太网口来连接支持 S7 协议的西门子 HMI 设备，还可以通过控制器本体集成的 RS485 端口或信号板连接支持 PPI 协议的其他品牌 HMI 设备。本实验台采用威纶通 TK8071iP 触摸屏，与 PLC 的连接采用串行 RS485 总线，PPI 协议；触摸屏提供以太网接口用于下载程序，其配备的接口如图 1.16 所示。

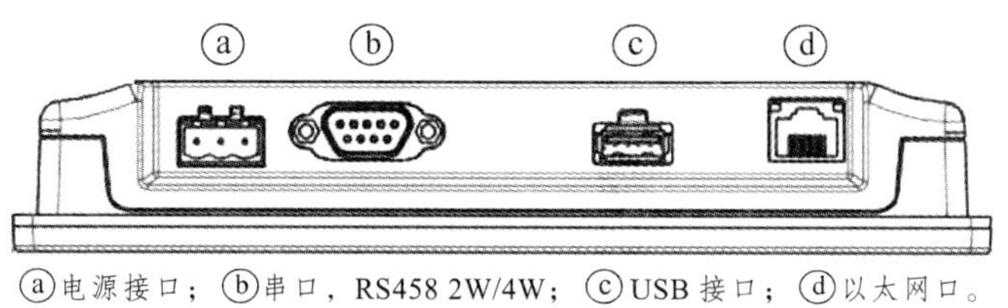

ⓐ电源接口；ⓑ串口，RS458 2W/4W；ⓒUSB 接口；ⓓ以太网口。

图 1.16　威纶通 TK8071iP 接口

表 1.3　TK8071iP 技术参数

显示	显示器	7″TFT
	分辨率	800×480
	亮度（cd/m^2）	350
	对比度	500：1
	背光类型	LED
	背光寿命	>30 000 小时
	色彩	16.7 M
	LCD 可视角(T/B/L/R)	70/50/70/70
触控面板	类型	四线电阻式
	触控精度	动作区　长度（X）±2%，宽度（Y）±2%
存储器	闪存（Flash）	128 MB
	闪存（RAM）	128 MB
处理器		ARM RISC 528 MHz
I/O 接口	SD 卡插槽	无
	USB Host	USB 2.0×1
	USB Client	无
	以太网接口	10/100 Base-T×1
	串行接口	COM1：RS-232，COM2：RS-485 2 W/4 W
	RS-485 双重隔离保护	无
	CAN Bus	无
	声音输出	无
	影像输出	无
万年历		内置
电源	输入电源	10.5~28 V DC
	电源隔离	内置
	功耗	500 mA@12 V DC；300 mA@24 V DC
	耐电压	500 V DC（1 分钟）
	绝缘阻抗	超过 50 MΩ at 500 V DC
	耐振动	10 to 25 Hz（X，Y，Z 轴向 2G 30 分钟）

续表

规格	PCB 涂层	无
	外壳材质	工程塑料
	外形尺寸 W×H×D	200.4×146.5×34 mm
	开孔尺寸	192×138 mm
	重量	约 0.52 kg
	安装方式	面板安装
操作环境	防护等级	NEMA4/IP65 Compliant Front Panel
	储存环境温度	−20°~60°C（−4°~140°F）
	操作环境温度	0°~50°C（32°~122°F）
	相对环境湿度	10%~90%（非冷凝）
认证	CE	符合 CE 认证标准
软件		限于简体中文版 EBPro V6.03.02 或更新版本使用 EasyAccess 2.0（选购）

触摸屏要控制或显示 PLC 控制器上的动作和信息，需要专用的编程软件（EasyBuilder Pro 软件）进行开发。

1.4　步进电机及丝杠副模块

试验台上步进电机及丝杆副模块如图 1.17 所示。步进电机通过联轴器驱动丝杠转动，带动螺母上的滑块前后移动。限位开关用于当滑块触碰时产生相应信号，控制步进电机停止或反向。可通过标尺观察滑块的位移。可通过接近开关实现位置控制。

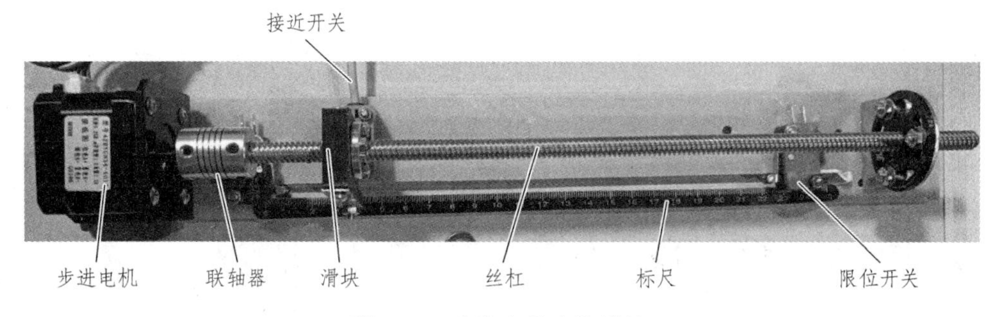

图 1.17　步进电机实验模块

1. 步进电机结构

步进电机是将电脉冲信号转变为角位移或线位移的开环控制元件，通过控制施加在电机线圈上的电脉冲顺序、频率和数量，可以实现对步进电机的转向、速度和旋转角度的控制。配合以直线运动执行机构或齿轮箱装置，更可以实现更加复杂、精密的线性运动控制要求。步进电机一般由前后端盖、轴承、中心轴、转子铁芯、定子铁芯、定子组件、波纹垫圈、螺钉等部分构成，如图 1.18 所示。

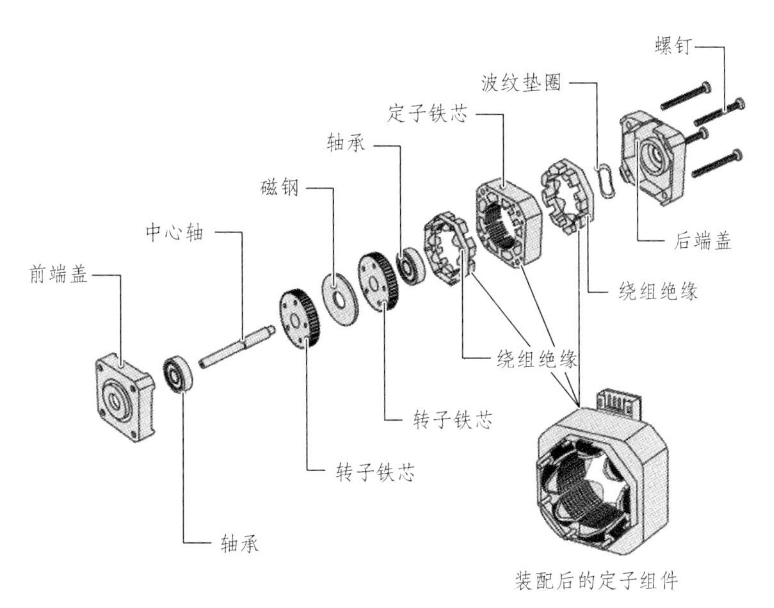

图 1.18　步进电机结构

2. 工作原理

步进电机驱动器根据外来的控制脉冲和方向信号，通过其内部的逻辑电路，控制步进电机的绕组以一定的时序正向或反向通电，使得电机正向/反向旋转，或者锁定。

步进电机以一个固定的步距角转动，这个角度称为基本步距角，如图 1.19 所示。标准电机有基本步距角为 1.8°两相步进电机和基本步距角为 1.2°的三相步进电机。除标准电机以外，步距角也可以为 0.72°、0.9°、1.5°、3.6°、3.75°。以 1.8°两相步进电机为例，当两相绕组都通电励磁时，电机输出轴将静止并锁定位置。在额定电流下使电机保持锁定的最大力矩为保持力矩。如果其中一相绕组的电流发生了变向，则电机将顺着一个既定方向旋转一步（1.8°）。同理，如果是另外一项绕组的电流发生了变向，则电机将顺着与前者相反的方向旋转一步（1.8°）。当通过线圈绕组的电流按顺序依次变向励磁时，则电机会顺着既定的方向实现连续旋转步进，运行精度非常高。对于 1.8°两相步进电机旋转一周需 200 步。

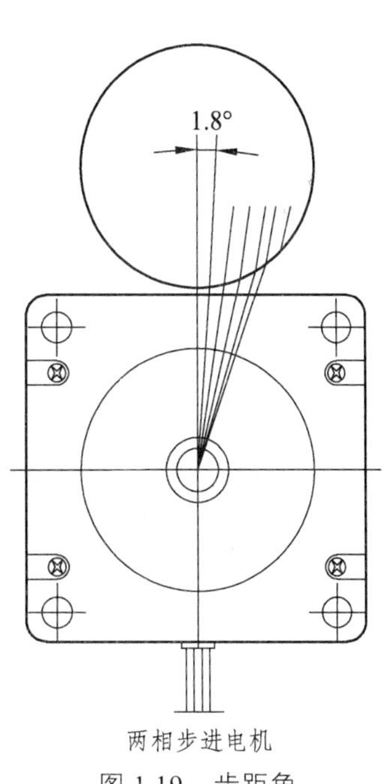

图 1.19　步距角

两相步进电机有两种绕组形式：双极性和单极性，如图 1.20 所示。双极性电机每相上只有一个绕组线圈，电机连续旋转时电流要在同一线圈内依次变向励磁，驱动电路设计上需要 8 个电子开关进行顺序切换。单极性电机每相上有两个极性相反的绕组线圈，电机连续旋转时只要交替对同一相上的两个绕组线圈进行通电励磁，驱动电路设计上只需要四个电子开关。在双极性驱动模式下，因为每相的绕组线圈为 100%励磁，所以双极性驱动模式下电机的输出力矩比单极性驱动模式下提高了约 40%。

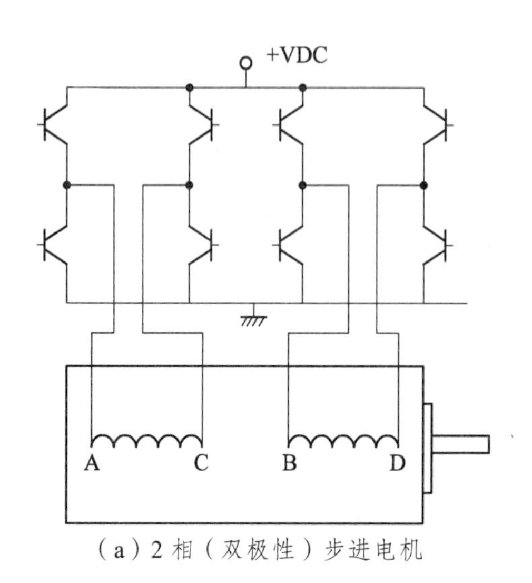

（a）2 相（双极性）步进电机

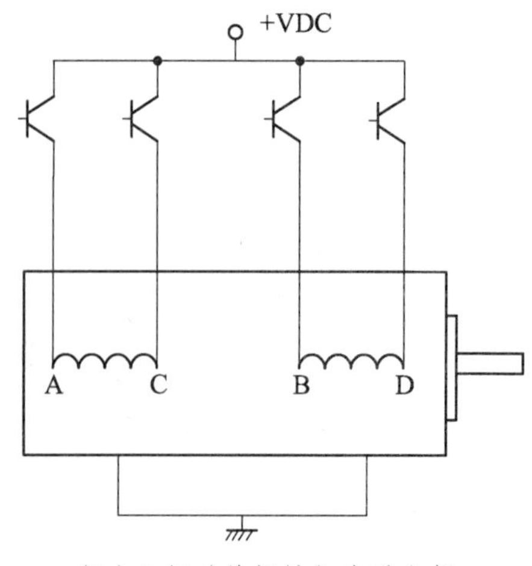

（b）2 相（单极性）步进电机

图 1.20　两相步进电机绕组形式

3. 步进电机驱动器

步进驱动器是一种能使步进电机运行的功率放大器，其功能是将控制器发来的脉冲/方向指令（弱电信号）转换为电机线圈电流（强电），电机的转速与脉冲频率成正比，所以控制脉冲频率可以精确调速，控制脉冲数就可以精确定位。

实验台配置的步进电机驱动器如图 1.21 所示，可实现步进电机的正反转控制，通过 3 位拨码开关选择 7 挡细分控制（1，2/A，2/B，4，8，16，32），通过 3 位拨码开关选择 8 挡电流控制（0.5 A，1 A，1.5 A，2 A，2.5 A，2.8 A，3.0 A，3.5 A）。

图 1.21　步进电机驱动器

步进电机驱动器参数如表 1.4 所示。

表 1.4　步进电机驱动器参数

输入电压	9 ~ 40 V DC
输入电流（推荐使用开关电源）	5 A
输出电流	0.5 ~ 4.0 A
最大功耗	160 W

续表

细　分	1，2/A，2/B，4，8，16，32
温　度	工作温度-10 ~ 45 °C；存放温度-40 ~ 70 °C
湿　度	不能结算，不能有水珠
气　体	禁止有可燃气体和导电灰尘
重　量	0.2 kg

步进电机驱动器的接线分为两部分：控制信号和高压驱动信号。

（1）控制信号（signal）。

输入信号共有三路，它们是步进脉冲信号 PUL+/PUL-、方向电平信号 DIR+ /DIR-和脱机信号 EN+/EN-。

输入信号接口有两种接法，用户可根据需要采用共阳极接法或共阴极接法。

共阳极接法：分别将 PUL+、DIR+、EN+连接到控制系统的电源上，如果此电源是+5 V 则可直接接入，如果此电源大于+5 V，则须外部另加限流电阻 R，保证给驱动器内部光藕提供 8 ~ 15 mA 的驱动电流。脉冲输入信号通过 CP-接入，方向信号通过 DIR-接入，使能信号通过 EN-接入，如图 1.22（a）所示。

共阴极接法：分别将 PUL-、DIR-、EN-连接到控制系统的地端；脉冲输入信号通过 PUL+接入，方向信号通过 DIR+接入，使能信号通过 EN+接入。若需限流电阻、限流电阻 R 的接法取值与共阳极接法相同，如图 1.22（b）所示。实验台上采用的是共阴极接法。

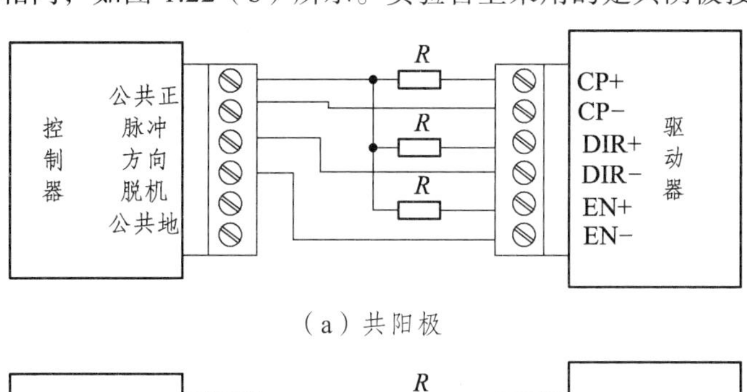

（a）共阳极

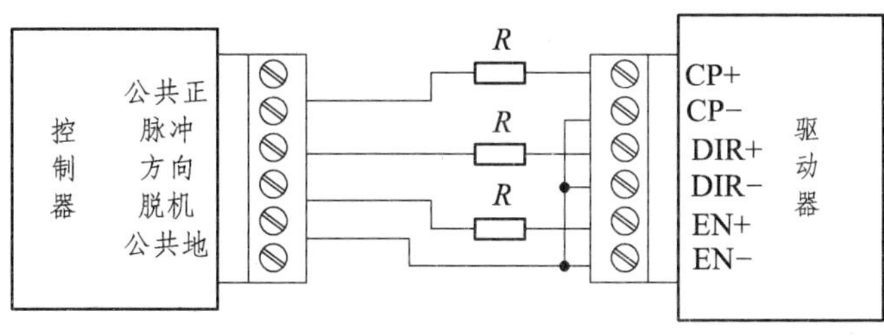

（b）共阴极

图 1.22　控制信号接线

（2）驱动信号（High Voltage）。

电机与驱动器接线简单，分为 A、B 两相，四根导线分别接在驱动器端子上。

· A+：连接电机绕组 A+相。

· A-：连接电机绕组 A-相。

· B+：连接电机绕组 B+相。

· B−：连接电机绕组 B−相。

步进电机由于自身特有结构决定，出厂时都注明“电机固有步距角”（如 0.9°/1.8°，表示半步工作每走一步转过的角度为 0.9°，整步时为 1.8°）。但在很多精密控制和场合，整步的角度太大，影响控制精度，同时振动太大，所以要求分很多步走完一个电机固有步距角，这就是所谓的细分驱动，能够实现此功能的电子装置称为细分驱动器。

细分数是以驱动板上的拨码开关选择设定的，用户可根据驱动器外盒上的细分选择表的数据设定（见图 1.21，必须在断电情况下设定）。

驱动板上拨码开关 1、2、3、分别对应 S1、S2、S3，如表 1.5 所示。

表 1.5　细分拨码设置表

细分	脉冲/转	S1 状态	S2 状态	S3 状态
NC	NC	ON	ON	ON
1	200	ON	ON	OFF
2/A	400	ON	OFF	ON
2/B	400	OFF	ON	ON
4	800	ON	OFF	OFF
8	1600	OFF	ON	OFF
16	3200	OFF	OFF	ON
32	6400	OFF	OFF	OFF

另外，电机的静态电流可用拨码开关 SW4 设定，OFF 表示静态电流设为动态电流的一半，ON 表示静态电流与动态电流相同。一般用途中应将 SW4 设成 OFF，使得电机和驱动器的发热减少，可靠性提高。脉冲串停止后约 0.4 s 电流自动减至一半左右（实际值的 60%），发热量理论上减至 36%。

驱动板上拨码开关 4、5、6 分别对应 S4、S5、S6，其状态与电流关系如表 1.6 所示。

表 1.6　电流设置拨码表

电流/A	S4 状态	S5 状态	S6 状态
0.5	ON	ON	ON
1.0	ON	OFF	ON
1.5	ON	ON	OFF
2.0	ON	OFF	OFF
2.5	OFF	ON	ON
2.8	OFF	OFF	ON
3.0	OFF	ON	OFF
3.5	OFF	OFF	OFF

4. 步进电机的高精度位置控制

使用步进电机实现高精度定位控制时的控制系统如 1.23 所示。PLC 控制器发出的脉冲信号可以准确地控制步进电机的转动角度和速度，通过丝杆螺母副实现直线位移的控制。

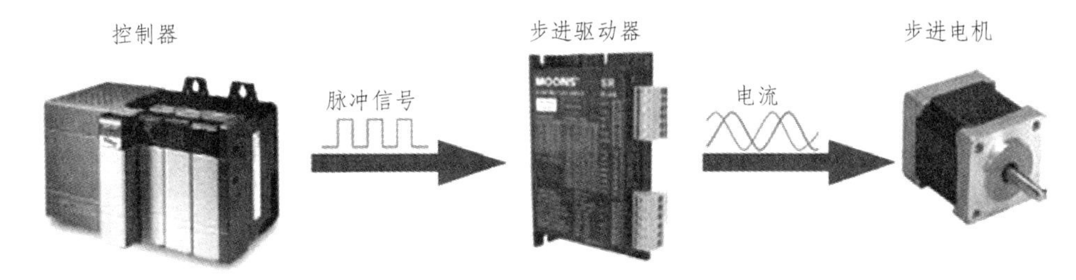

图 1.23　步进电机位置控制

脉冲信号是一个电压反复在 1 和 0 之间改变的电信号。每个 1/0 周期被记为 1 个脉冲。单个脉冲信号指令使电机出力轴转动一步。对应电压 1 和 0 情况下的信号电平被分别称为“H”和“L”，如图 1.24 所示。

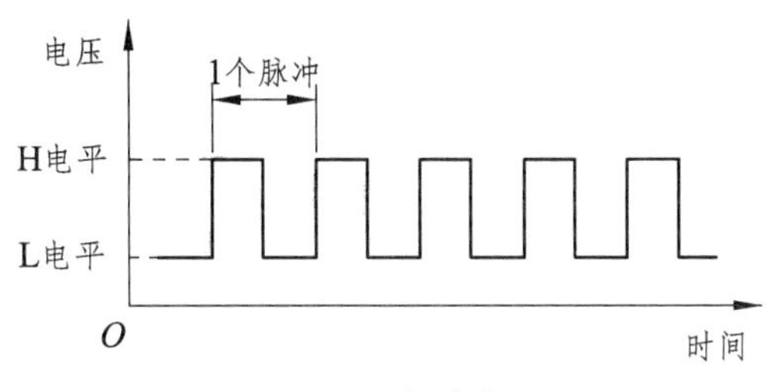

图 1.24　脉冲信号

步进电机的转动距离正比于施加到驱动器上的脉冲信号数（脉冲数）。步进电机转动（电机出力轴转动角度）和脉冲数的关系如图 1.25 所示。

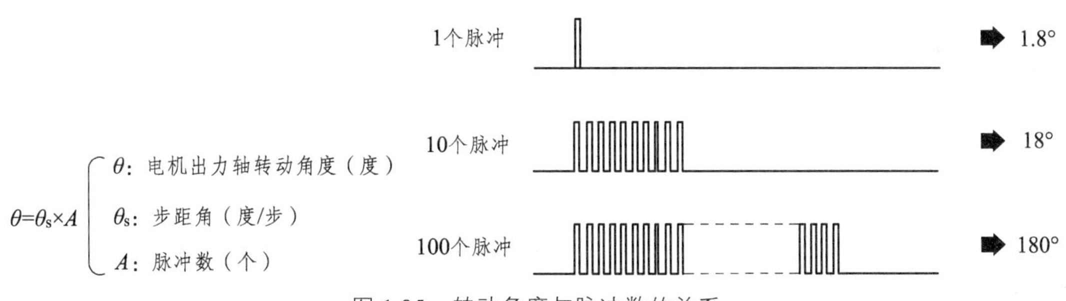

图 1.25　转动角度与脉冲数的关系

步进电机的转速与施加到驱动器上的脉冲信号频率成比例关系。电机的转速（r/min）与脉冲频率（Hz）的关系如图 1.26 所示。

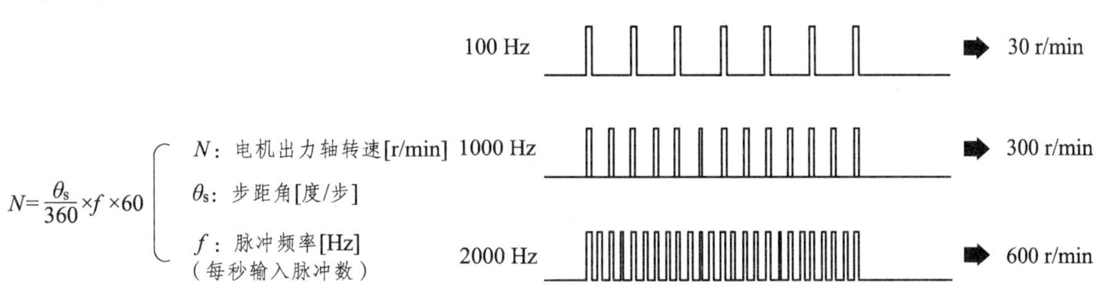

图 1.26　转速与脉冲频率的关系

步进电机通过联轴器与丝杆螺母副相接。丝杆直径 $\phi 8$，丝杠导程 8 mm。在步进电机驱动器细分数为 1 的情况下，其脉冲当量为：

$$\delta = \frac{步距角}{360 \times 细分数} \times 导程 = \frac{1.8}{360 \times 1} \times 8 = 0.04 \text{ mm/pulse}$$

通过驱动器的细分设置，可以进一步提高系统的脉冲当量精度。

1.5 三相电机

三相异步电机主要作电动机用，其功率范围从几瓦到上万千瓦，是国民经济各行业和人们日常生活中应用最广泛的电机，主要拖动各种生产机械。异步电动机具有结构简单、运行可靠、效率较高、成本较低及维修方便且适用于多种机械负载的工作特性等优点。三相异步电机主要由静止的定子和旋转的转子两大部分组成，定子与转子之间存在气隙，此外，还有端盖、轴承、机座、风扇等部件（见图 1.27）。

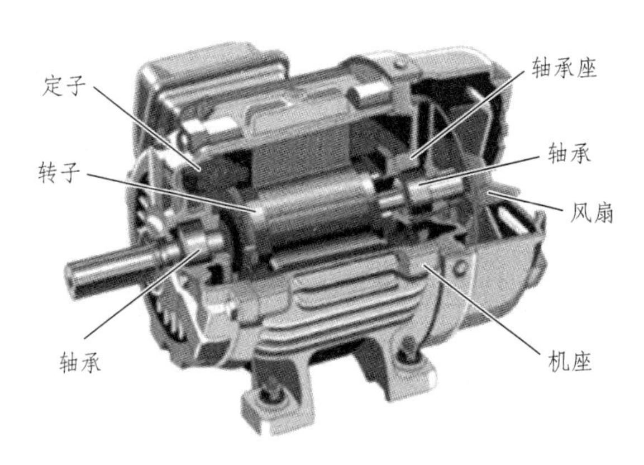

图 1.27 三相异步电机结构

三相异步电机是感应电机，定子通入电流以后，部分磁通穿过短路环，并在其中产生感应电流，形成旋转磁场。通电启动后，转子绕组因与磁场间存在着相对运动而感生电动势和电流，即旋转磁场与转子存在相对转速，并与磁场相互作用产生电磁转矩，使转子转起来。

三相异步电机的转速通过下面的式子确定：

$$n = \frac{60f(1-s)}{p}$$

其中，f 为电源频率；s 是转差率，通常取值范围 0.01 ~ 0.02；p 为极对数，2 极电机为 1，4 极电机为 2，以此类推。

通常对三相异步电机的调速是通过变频器改变电源频率实现的，变频调速就是采用变频器把我国的 50 Hz 工频电源转换成不同大小的频率，比如 10 Hz 时电机转速就会降低至 1/5；300 Hz 时转速就会提高 6 倍。

实验台上所采用三相异步电机如图 1.28 所示。

图 1.28　实验台中的三相异步电机与编码器

1.6　变频器

变频器是通过变频控制技术、电子电路技术改变输入电压的频率来调节电机运行转速的设备。根据三相异步交流电动机旋转磁场产生的原理，电机的转速与电源频率有关，如果需要实现步进电机的转速的可调，就需要脉冲频率的可控，而变频器实现了这一功能。

本试验台上采用了台达 VFD-M 变频器，具体使用可参考《VFD-M 使用手册》。

1. 外观说明

VFD-M 变频器外观如图 1.29 所示。

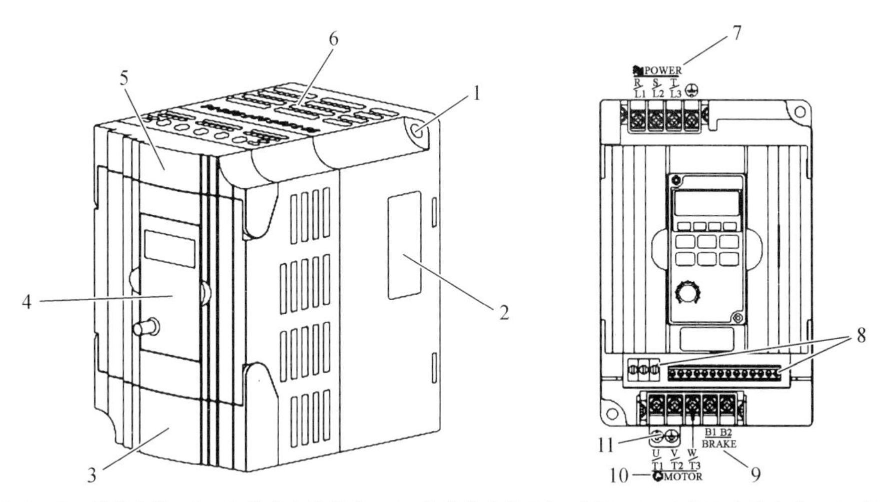

1—固定螺丝孔；2—规格品牌；3—电机出力端下盖；4—数字操作器 LC-M02E；5—电源入力端上盖；6—散热通风口；7—电源输入端子；8—外部输入/输出端子；9—煞车电阻接线端；10—电机输出端子；11—接地端子。

图 1.29　变频器外观

2. 运转方式

变频器的控制方式有通过外部信号（接线端子）控制和通过操作面板控制两种方式，其中，操作面板如图 1.30 所示。

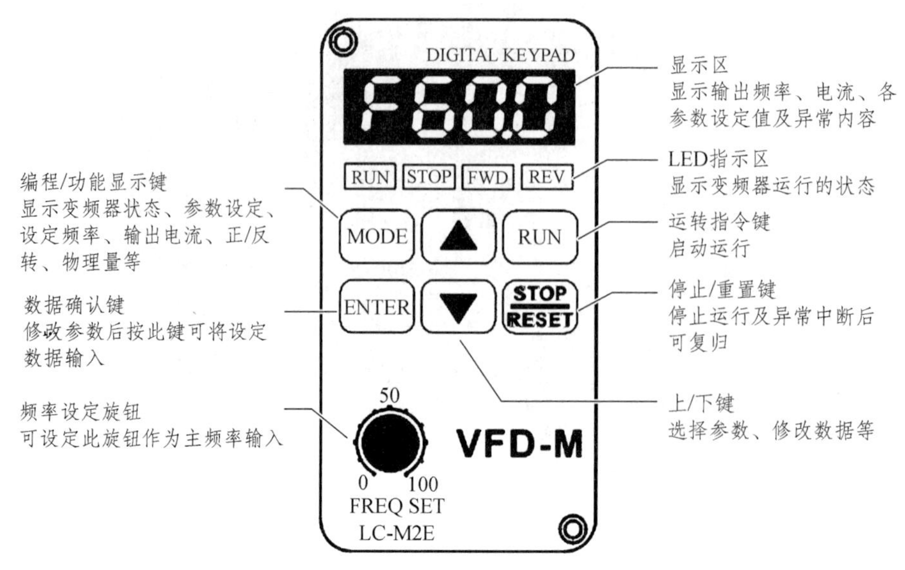

图 1.30　VFD-M 面板外观及操作

3. 主回路端子说明

主回路是指电机的供电回路，如图 1.31 所示，标记说明如表 1.7 所示。

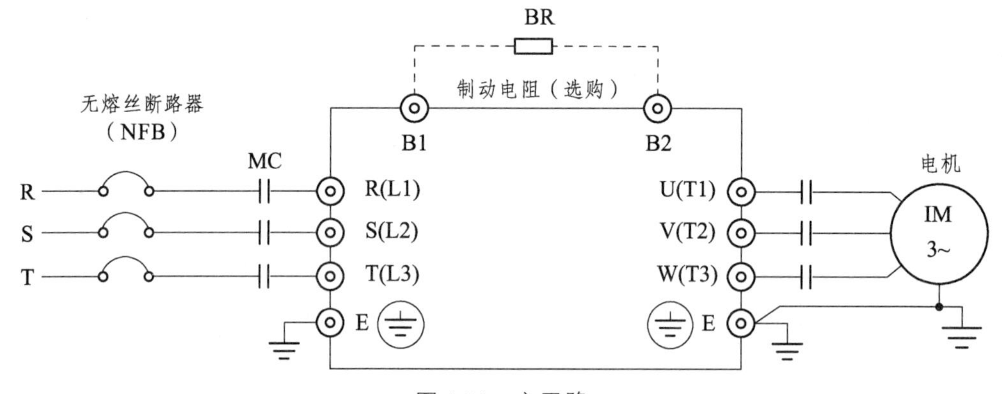

图 1.31　主回路

表 1.7　主回路标记说明

端子记号	说明
R（L1），S（L2），T（L3）	主回路交流电源输入
U（T1），V（T2），W（T3）	连接至电机
B1-B2	制动电阻
⏚	接地

注意：三相电机不能连接单相电源，输入电源 R（L1），S（L2），T（L3）并无顺序之分，可任意连接。

4. 控制回路端子说明

控制回路用于对变频器输出频率以及电机控制模式等进行控制，控制回路如图 1.32 所示。

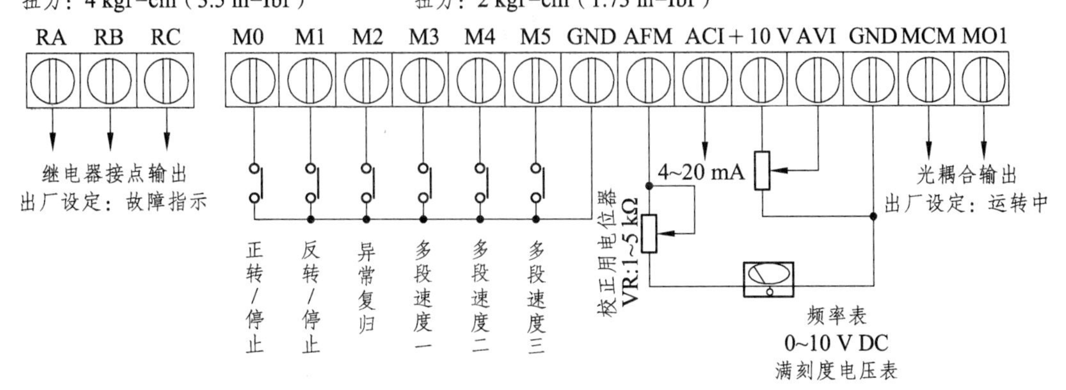

图 1.32　控制回路

M0 ~ M5 为功能选择输入端子，其对应功能可以由用户指定，比如通过 PLC 输出端控制，即可实现电机的多段转速控制。图 1.32 中显示的各端子对应功能为默认设置。ACI 和 AVI 分别为电流和电压模拟量输入，用于实现模拟量对变频器输出的控制，实现无级调速。

5. 试运转

变频器可以通过数字操作面板（见图 1.30）手动控制，进行试运转。

（1）开启电源后，确认操作器面板显示“F60.0 Hz”。待机状态下，“STOP”及“FWD”指示灯会亮起。

（2）按下“▼”按钮改变频率到 5 Hz，按下“RUN”键时，“RUN”及“FWD”指示灯皆会亮起表示运转命令为正转。减速停止只要按下“STOP”键即可。

（3）检查电机旋转方向是否正确符合使用者需求；电机旋转是否平稳（无异常噪音和振动）；加速/减速是否平稳。

如无异常情况，增加运转频率继续试运转，通过以上试运转，确实无任何异常状况，然后可以正式投入运转。

1.7　伺服电机

伺服电机（Servo Motor）是指在伺服系统中控制机械元件运转的电动机，可实现速度准确控制，可以将电压信号转化为转矩和转速以驱动控制对象（见图 1.33）。伺服电机转子转速受输入信号控制，并能快速反应。在自动控制系统中，用作执行元件，且具有机电时间常数小、线性度高、始动电压等特性，可把所收到的电信号转换成电动机轴上的角位移或角速度输出。分为直流和交流伺服电动机两大类，其主要特点是，当信号电压为零时无自转现象，转速随着转矩的增加而匀速下降。

1. 伺服电机优点

（1）精度：实现了位置、速度和力矩的闭环控制；克服了步进电机失步的问题。

（2）转速：高速性能好，一般额定转速能达到 2 000 ~ 3 000 r/m。

图 1.33　伺服电机

（3）适应性：抗过载能力强，能承受三倍于额定转矩的负载，对有瞬间负载波动和要求快速起动的场合特别适用。

（4）稳定：低速运行平稳，低速运行时不会产生类似于步进电机的步进运行现象。适用于有高速响应要求的场合。

（5）及时性：电机加减速的动态响应时间短，一般在几十毫秒之内。

（6）舒适性：发热和噪声明显降低。

2. 伺服电机原理

伺服系统（servo system）是使物体的位置、方位、状态等输出被控量能够跟随输入目标（给定值）任意变化的自动控制系统。伺服电机主要靠脉冲来定位，伺服电机接收到 1 个脉冲，就会旋转 1 个脉冲对应的角度，从而实现位移。因为伺服电机本身具备编码器，旋转时能发出脉冲，所以伺服电机每旋转一个角度，都会发出对应数量的脉冲，这样就和伺服电机接受的脉冲形成闭环。因此，系统就会知道发了多少脉冲给伺服电机，同时又收了多少脉冲回来。这样就能够很精确地控制电机的转动，从而实现精确的定位，可以达到 0.001 mm。其结构如图 1.34 所示。

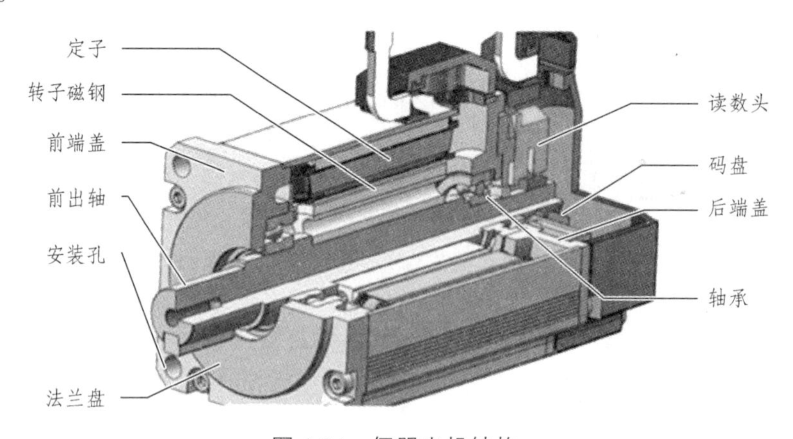

图 1.34　伺服电机结构

直流伺服电机分为有刷和无刷电机。有刷电机具有成本低、结构简单、启动转矩大、调速范围宽、控制容易等优点，但维护不方便（换碳刷），产生电磁干扰，对环境有要求。因此它可以用于对成本敏感的普通工业和民用场合。随着技术发展，成本下降，现在开始大量使用直流无刷伺服电机。

交流伺服电机和无刷直流伺服电机在功能上的区别：交流伺服电机要好一些，因为是正弦波控制，转矩脉动小。直流伺服电机是梯形波。但直流伺服电机比较简单，便宜。

3. 伺服电机重要参数

（1）额定转速：电机输出最大连续转矩（额定转矩）、以额定功率运行时的转速。

（2）额定转矩：是指电机能够连续安全输出的转矩大小，在环境温度为 25 °C 时，在该转矩下连续运行，电机绕组温度和驱动器功率器件温度不会超过最高允许温度，电机或驱动器不会损坏。

（3）最大转矩：电机所能输出的最大转矩。在最大转矩下短时工作不会引起电机损坏或性能不可恢复。

（4）最大电流：电机短时间工作允许通过的最大电流，一般为额定电流的 3 倍。

（5）最高转速：电机短时间工作的最高转速，最高转速电机力矩下降，电机发热量更大。

（6）转子惯量 J：电机转子旋转惯量单位符号为 $kg \cdot cm^2$，一般负载惯量最大不超过 20 倍电机转子额定惯量。

（7）编码器线数：电机转一圈编码器反馈到驱动器的脉冲个数，影响闭环步进精度。常规编码器线数有 2 500 线、5 000 线、17 位和 23 位编码器。17 位编码器精度为 0.002 7°，高于常规的开环步进和闭环步进电机。

4. 实验台伺服电机型号说明

实验台所使用的伺服电机型号为台达 ECMA-C20401ES，编码器采用 17 位编码器，规格如表 1.8 所示。

表 1.8　ECMA-C20401ES 规格

参数名称及单位	参数值
额定功率/kW	0.1
额定扭矩/N · m	0.32
最大扭矩/N · m	0.96
额定转速/（r/min）	3000
最高转速/（r/min）	5000
额定电流/A	0.90
瞬时最大电流/A	2.70
每秒最大功率/（kW/s）	27.7
转子惯量/（$\times 10^{-4} kg \cdot m^2$）	0.037
机械常数/ms	0.75
扭矩常数 KT/（N · m/A）	0.36
电压常数 KE/（mV/（r/min））	13.6
电机阻抗/Ohm	9.30
电机感抗/mH	24.0

转矩特性如图 1.35 所示。

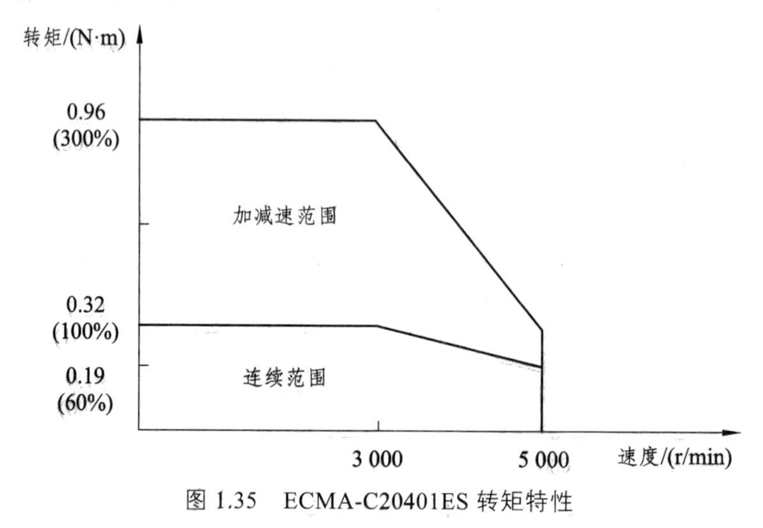

图 1.35　ECMA-C20401ES 转矩特性

1.8　伺服驱动器

伺服驱动器是数控系统及其他相关机械控制领域的关键器件，通过位置、速度和力矩三种方式对伺服电机进行控制，实现高精度的传动系统定位，属于伺服系统的一部分，主要应用于高精度的定位系统。

主流的伺服驱动器均采用数字信号处理器作为控制核心，可以实现比较复杂的控制算法，实现数字化和网络化以及智能化。功率器件普遍采用以智能功率模块 IPM 为核心设计的驱动电路，IPM 内部集成了驱动电路，同时具有过电压、过电流以及过热和欠压等故障检测保护电路。

试验台中伺服驱动器型号为台达 ASDA-B2 系列驱动器，如图 1.36 所示。具体使用方法及功能实现可参考《ASDA-B2 系列标准泛用性伺服驱动器应用技术手册》。

1. 伺服驱动器操作模式简介

实验台上驱动器提供多种操作模式，如表 1.9 所示。

2. 制动电阻的选择

当电机的出力矩和转速的方向相反时，它代表能量从负载端传回至驱动器内。此能量将回流到驱动器中，使其中的电容电压值上升。当上升到某一值时，回流的能量只能靠制动电阻来消耗。通常功率在 400 W 以下的驱动器不需要外接制动电阻，或根据外部实际负载决定外接制动电阻大小。功率大于 400 W 的驱动器内含制动电阻，也可以外接制动电阻。表 1.10 为不同型号 ASDA-B2 系列提供的内建制动电阻的规格。

当再生容量超出内建制动电阻可处理的能耗容量时，应外接制动电阻器。使用外部制动电阻时，电阻连接至 P⊕、C 端，P⊕、D 端开路。外部制动电阻尽量选择表 1.10 建议的电阻数。具体制动电阻的功率选择请参考《ASDA-B2 系列标准泛用性伺服驱动器应用技术手册》。

3. 外围装置接线

图 1.37 给出了一个伺服驱动器与伺服电机、PLC 或 HMI、接触器等控制器件的接线图。

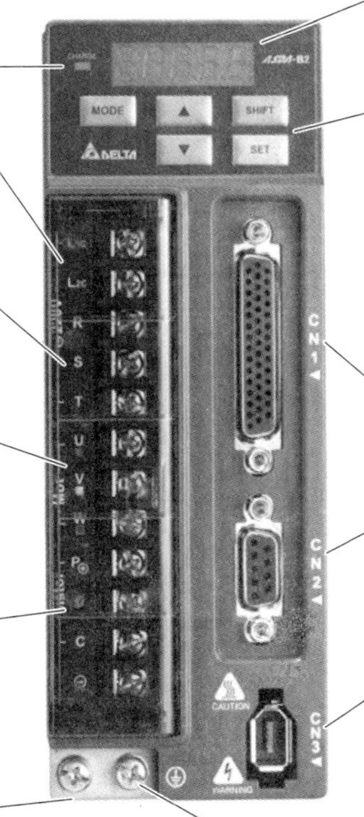

图 1.36　伺服驱动器面板

表 1.9　驱动器操作模式

模式名称		模式代码	说明
单一模式	位置模式（端子输入）	P	驱动器接受位置命令，控制电机至目标位置。位置命令由端子输入，信号型态为脉冲
	速度模式	S	驱动器接受速度命令，控制电机至目标转速。速度命令可由内部缓存器提供（共三组缓存器），或由外部端子输入模拟电压（-10～+10 V）。命令的选择则根据 DI 信号来选择
	速度模式（无模拟输入）	Sz	驱动器接受速度命令，控制电机至目标转速。速度命令仅可由内部缓存器提供（共三组缓存器），无法由外部端子台提供。命令的选择则根据 DI 信号来选择。原 S 模式中的外部输入的 DI 状态为速度命令零
	扭矩模式	T	驱动器接受扭矩命令，控制电机至目标扭矩。扭矩命令可由内部缓存器提供（共三组缓存器），或由外部端子台输入模拟电压（-10～+10 V）。命令的选择则根据 DI 信号来选择
	扭矩模式（无模拟输入）	Tz	驱动器接受扭矩命令，控制电机至目标扭矩。扭矩命令仅可由内部缓存器提供（共三组缓存器），无法由外部端子台提供。命令的选择则根据 DI 信号来选择。原 T 模式中的外部输入的 DI 状态为扭矩命令零

续表

模式名称	模式代码	说明
混合模式	S-P	S 与 P 可通过 DI 信号切换
	T-P	T 与 P 可通过 DI 信号切换
	S-T	S 与 T 可通过 DI 信号切换

表 1.10　内建制动电阻规格

驱动器/kW	内建制动电阻		内建制动电阻处理的制动容量/W	最小容许电阻值/Ω
	电阻值/Ω	容量/W		
0.1	–	–	–	60
0.2	–	–	–	60
0.4	100	60	30	60
0.75	100	60	30	60
1.0	40	60	30	303

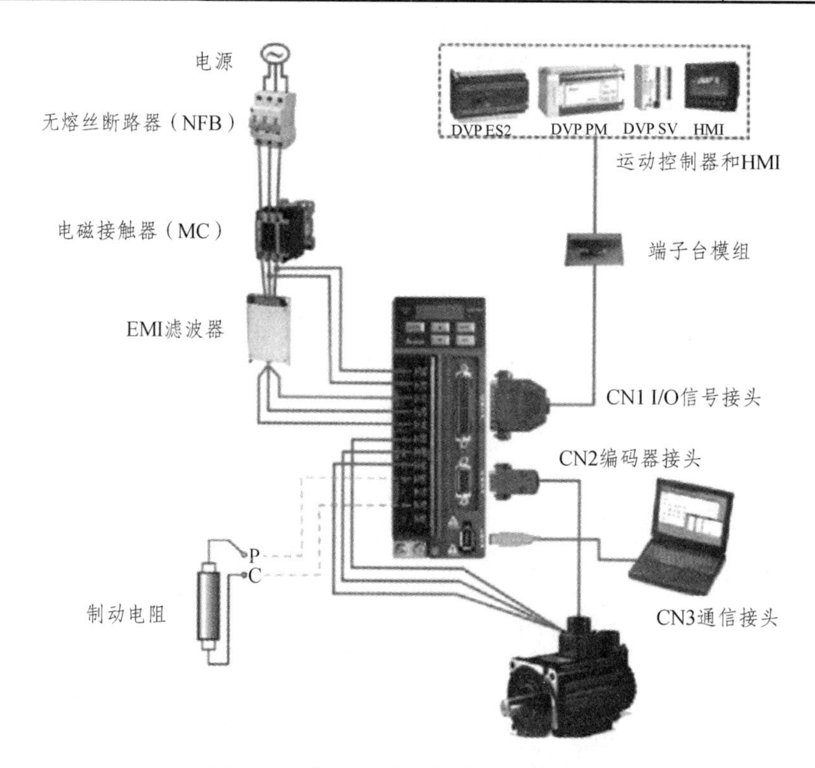

图 1.37　伺服驱动器与电机的接线图

4. 驱动器端子说明

驱动器端子说明如表 1.11 所示。

5. 电源接线法

三相电源接线法如图 1.38 所示。实验台上电源只接两相，T 端子可不接。

表 1.11　驱动器端子说明

<table>
<tr><td>端子记号</td><td>名称</td><td colspan="3">说明</td></tr>
<tr><td>L_{1c}、L_{2c}</td><td>控制回路电源输入端</td><td colspan="3">连接单相交流电源</td></tr>
<tr><td>R、S、T</td><td>主回路电源输入端</td><td colspan="3">连接三相交流电源</td></tr>
<tr><td rowspan="6">U、V、W、FG</td><td rowspan="6">电机连接线</td><td colspan="3">连接至电机</td></tr>
<tr><td>端子记号</td><td>线色</td><td>说明</td></tr>
<tr><td>U</td><td>红</td><td rowspan="3">电机三相电源电力线</td></tr>
<tr><td>V</td><td>白</td></tr>
<tr><td>W</td><td>黑</td></tr>
<tr><td>FG</td><td>绿</td><td>连接至驱动器的接地处⏚</td></tr>
<tr><td rowspan="2">P⊕、D、C、⊖</td><td rowspan="2">制动电阻端子或是刹车单元或是 P⊕、⊖接点</td><td>使用内部电阻</td><td colspan="2">P⊕、D 端短路，P⊕、C 端开路</td></tr>
<tr><td>使用外部电阻</td><td colspan="2">电阻接于 P⊕、C 两端，且 P⊕、D 端开路</td></tr>
<tr><td>⏚</td><td>接地端子</td><td colspan="3">连接至电源地线以及电机的地线</td></tr>
<tr><td>CN1</td><td>I/O 连接器</td><td colspan="3">连接上位控制器</td></tr>
<tr><td>CN2</td><td>编码器连接器</td><td colspan="3">连接电机的编码器</td></tr>
<tr><td>CN3</td><td>通信端口连接器</td><td colspan="3">连接 RS-485 或 RS-232</td></tr>
</table>

注意： 当电源切断时，因为驱动器内部大电容含有大量的电荷，请不要接触 R、S、T 及 U、V、W 这六条大电力线。请等待充电灯熄灭时，方可接触。

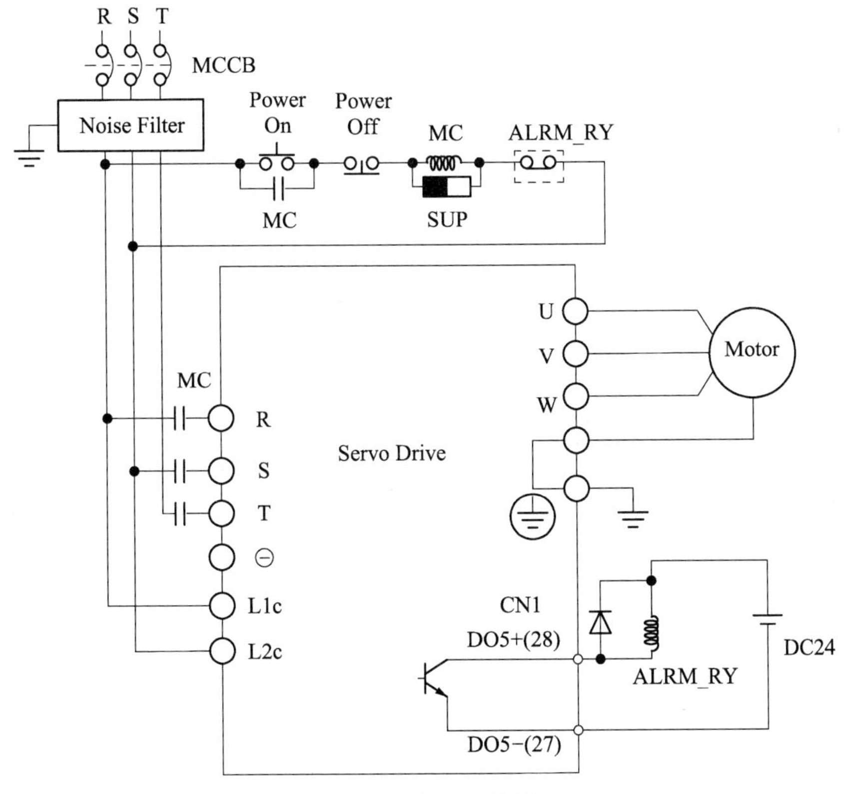

图 1.38　三相电源接线法

6. CN1 信号接头

为了与上位控制器实现更加丰富互相沟通，伺服驱动器提供可任意规划的 6 组输出及 9 组输入。控制器提供的 9 个输入设定与 6 个输出分别为参数 P2-10 ~ P2-17、P2-36 与参数 P2-18 ~ P2-22、P2-37。除此之外，还提供差动输出的编码器 A+、A−、B+、B−、Z+、Z−信号，以及模拟转矩命令输入、模拟速度/位置命令输入及脉冲位置命令输入。

用户通过 CN1 接头，如图 1.39 所示，可以实现 PLC 等上位机对伺服电机的各种外部控制，具体控制方法见《ASDA-B2 标准泛用型伺服驱动器应用技术手册》。

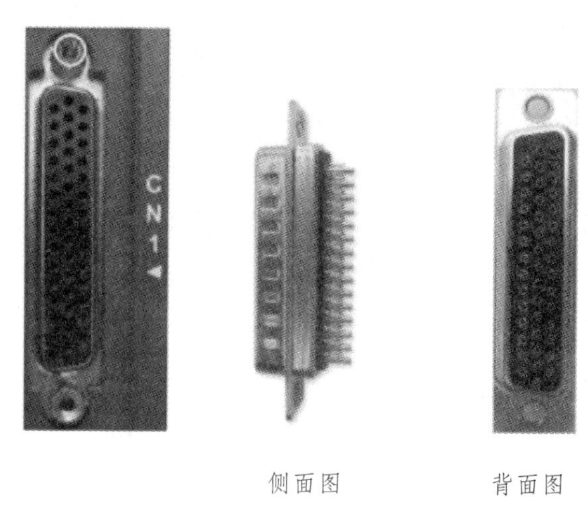

图 1.39　CN1 I/O 连接端子

7. 空载 JOG 模式试运行

使用 JOG 寸动方式来试转电机及驱动器，该模式不需要连接 CN1，只需要连接 CN2 伺服电机编码器接头即可，步骤如图 1.40 所示。

步骤 1：在驱动器上操纵按钮，设定参数 P2-30 为 1，该参数为强制伺服启动。

步骤 2：设定参数 P4-05 寸动速度（单位：r/min），设定后，按下 SET 键进入 JOG 模式。

步骤 3：按下 MODE 键时，即可脱离 JOG 模式。

1.9　编码器

编码器是一种位置和速度转换器，它将一个轴的角运动或直线运动转换成一系列电子数字脉冲，这些电脉冲被用来控制（产生它们的）机械轴的运动。其外形如图 1.41 所示。

编码器一般包括机械接口、码轮、光电接收器、电气接口四部分。

1. 机械接口

机械接口包含所有允许编码器耦合到机器或应用设备的组件，包括：轴，连接在旋转的机器轴上，按照固定方式设计：实心或孔轴；法兰，将编码器固定并调整到其支架上的法兰；外壳，包含并保护磁盘和电子元件。

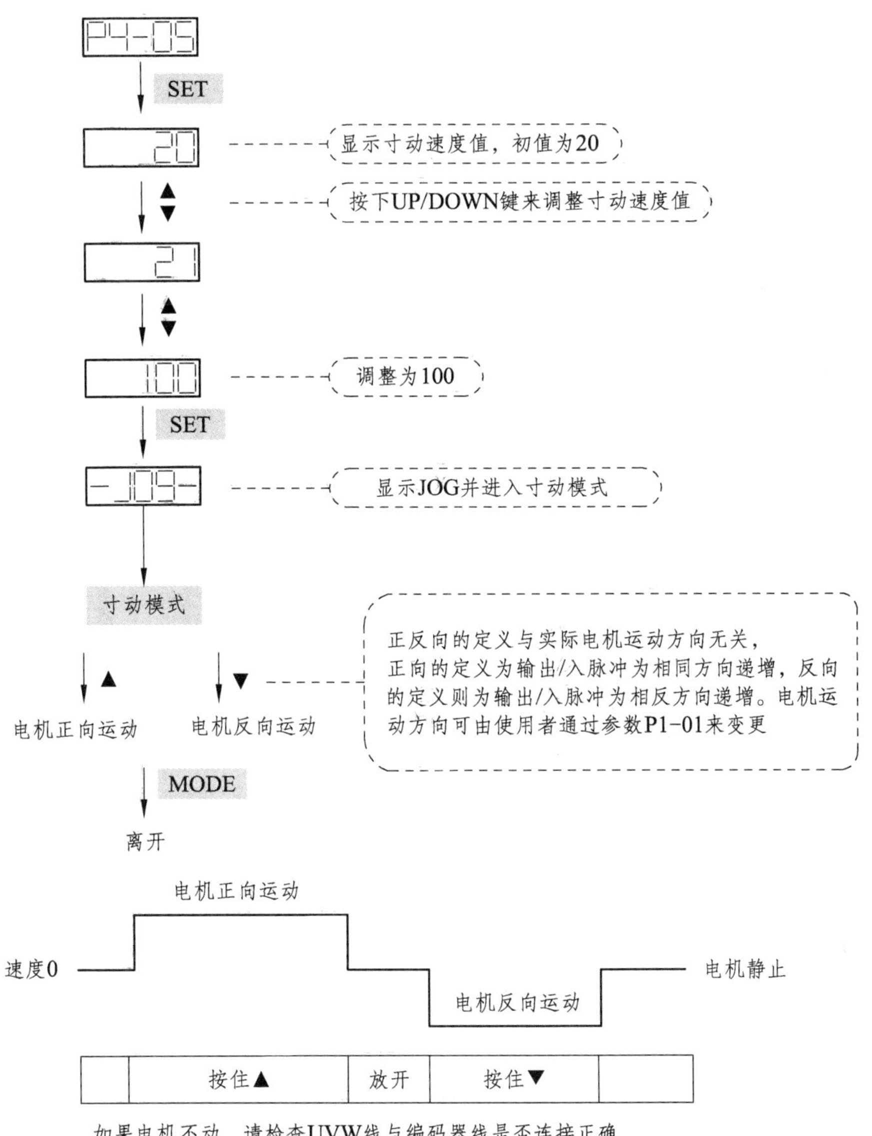

如果电机不动，请检查UVW线与编码器线是否连接正确
如果电机不正常运作，请检查UVW线是否相序接错

图 1.40　伺服 JOG 模式

图 1.41　编码器

2. 码轮（或磁性致动器或线性刻度）

编码器码轮（或盘）定义了脉冲的传输码；它由一个由塑料、玻璃或金属材料制成的支撑物组成，支撑物上刻有透明或不透明部分交替形成的图案。在线性尺度上，用静止不透明条代替这一图案。采用磁感测时，用磁路（南北）模式代替码轮或线性标度。

3. 光电接收器（或磁传感器）

如图 1.42 所示，光电接收器是由一组传感器（光电二极管或光电晶体管）制成的，这些传感器由红外光源照亮。在接收器和 LED 之间有一个刻度码轮。光将磁盘像投射到接收器表面，接收器表面被一种称为刻线的光栅覆盖，具有相同的磁盘台阶接收器将发生的由圆盘移动引起的光变化转换成相应的电变化。

磁编码器系统是由带磁铁的旋转驱动器和磁传感器将磁场变化转化为电信号制成的。

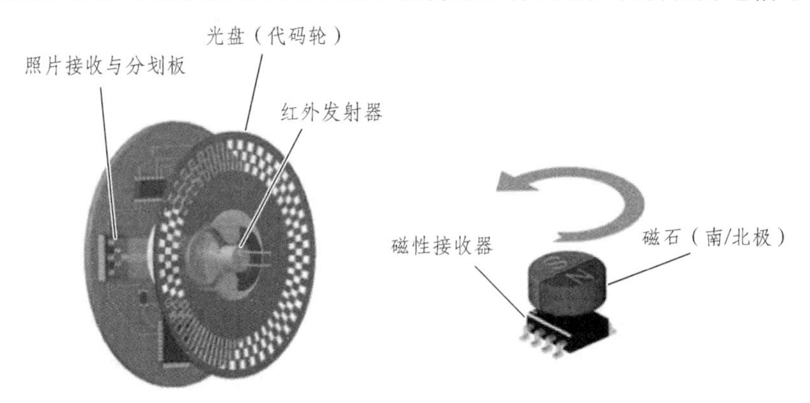

图 1.42　编码器光电接收器原理

4. 电气接口

电子接口是编码器向接收器传输数据的方式。电信号（可以是数字的或模拟的）通过编码器电缆传输到一个智能设备，如接口板，PLC 等。

编码器通过联轴器与丝杆模块相连。实验台上所采用编码器的基本参数如表 1-19 所示。

表 1-9　HN3806-AB-600N 型编码器参数

工作电压	10 ~ 30 V	分辨率	600
功率	≤3 W	最大转速	3 000 r/min
信号形式	方波	轴径	8 mm
输出电流	≤20 mA	启动转矩	0.02 N · m

1.10　继电器

继电器是一种电磁控制器件，是当输入量（激励量）的变化达到规定要求时，在电气输出电路中使被控量发生预定的阶跃变化的一种电器。继电器通常应用于自动化的控制电路中，它实际上是用小电流去控制大电流运作的一种“自动开关”。在电路中起着自动调节、安全保护、转换电路等作用。其外观及接线安装座如图 1.43 所示。

图 1.43　继电器及接线安装座

以 8 脚继电器为例，电路图如图 1.44 所示。因为继电器是由线圈和触点组两部分组成，所以继电器在电路图中的图形符号也包括两部分：一个长方框表示线圈；一组触点符号表示触点组合。

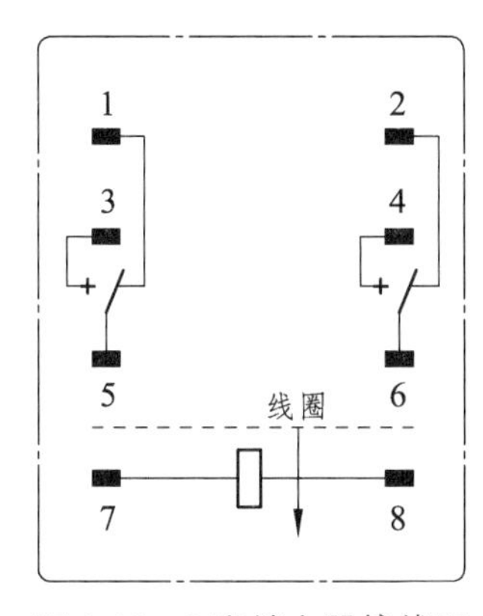

图 1.44　8 脚继电器接线图

7、8 两脚连接继电器线圈。当 7 脚 8 脚不通电时，1-5、2-6 触点导通；当 7 脚 8 脚通电时，3-5 和 4-6 触点导通。

除上述有触点继电器外，实验台上还有一种无触点继电器：固态继电器。它属于半导体元件，接通和断开没有机械触点，具有开关速度快、工作频率高、使用寿命长、动作可靠的优点。

固态继电器一般有两个输入端和两个输出端。当输入端无信号（低电平）时，其输出端为阻断状态；当在输入端施加控制信号（高电平）时，输出端为导通状态。实验台上所用固态继电器实物如图 1.45 所示。输入端控制电压范围 3 ~ 32 V；输出端负载电压范围 24 ~ 380 V。

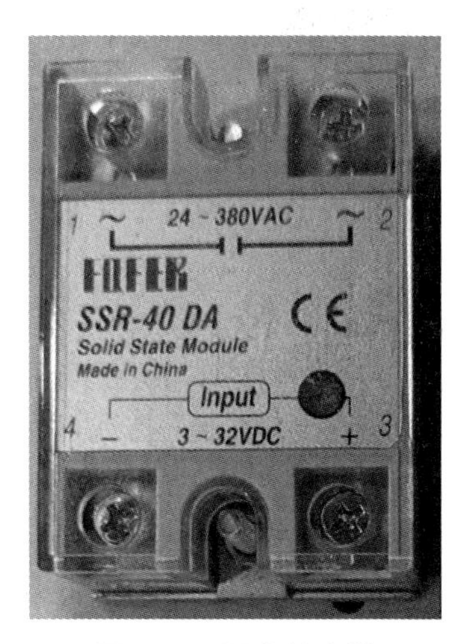

图 1.45　固态继电器

以上介绍了实验台上具有的主要设备，除完成简单的 PLC 逻辑控制外，还可以进行步进电机速度位置控制、三相电机变频调速控制、伺服电机位置伺服控制等实验。进一步结合 HMI 人机界面设计，实验台上可以进行当前工业现场中的 PLC 控制系统实验调试，对于培养同学们的实际动手能力、编程能力大有益处。

第2章 STEP 7-Micro/WIN SMART 软件使用

本章主要内容根据西门子（中国）有限公司编著《深入浅出西门子 S7-200 SMART PLC》第三章内容整理编写，引用了大部分内容，只将书中图片及实例按照实验台上的 PLC 具体型号进行了相应的修改。

2.1 软件安装与卸载

1. 对计算机和操作系统的要求

STEP 7-Micro/WIN SMART 是西门子专门为 S7-200 SMART PLC 开发的组态、编程和操作软件。STEP 7-Micro/WIN SMART 软件容量小安装包不到 300 MB，对计算机没有很高的要求，在大多数主流计算机中都能顺畅运行。

STEP 7-Micro/Win SMART 软件与 Windows 7（32 位和 64 位）操作系统兼容，Windows 10 以上系统需要安装较高版本的软件。在计算机硬件方面，至少需要 350 MB 的硬盘空间，有可用的键盘、鼠标和通信网卡，屏幕分辨率为 1 024×768 或者以上。

在安装和使用 STEP 7-Micro/WIN SMART 软件时，用户必须具有足够的权限，建议使用管理员身份登录。

2. 安装软件

STEP7-Micro/WIN SMART 编程软件的安装与一般软件基本相同，其步骤如下：

（1）打开 STEP7-Micro/WIN SMART 编程软件的安装包，双击可执行文件“setup.exe”，如图 2.1 所示。软件安装开始，并弹出选择设置语言对话框，如图 2.2 所示，共有 2 种语言供选择，选择“中文（简体）”，单击“确定”按钮。此时弹出安装向导对话框，单击“下一步”按钮即可。之后弹出安装许可协议界面如图 2.3 所示，选择“我接受许可协定和有关安全信息的所有条件”，单击“下一步”按钮，继续安装。

（2）选择安装目录。如果要改变安装目录则单击“浏览”，选定想要安装的目录即可，如图 2.4 所示，目录最好安装在英文目录下。如果不想改变目录，则单击“下一步”按钮，程序开始安装。

3）当软件安装结束时，弹出如图 2.5 所示的界面，单击“完成”按钮，所有安装完成。

注意： 安装 STEP7-Micro/WIN SMART 软件前，最好关闭杀毒和防火墙软件，此外存放 STEP7-Micro/WIN SMART 软件的名级目录名称最好是英文。其他处于运行状态的程序最好也关闭。

0x0404.ini	2010/6/23 2:50	配置设置	11 KB
0x0409.ini	2010/3/24 4:44	配置设置	22 KB
0x0804.ini	2010/6/23 2:49	配置设置	11 KB
1028.mst	2017/6/26 21:42	MST 文件	64 KB
1033.mst	2017/6/26 21:42	MST 文件	20 KB
2052.mst	2017/6/26 21:42	MST 文件	64 KB
Autorun.inf	2017/6/26 21:42	安装信息	1 KB
Data1.cab	2017/6/26 21:42	WinRAR 压缩文件	282,483 KB
ISSetup.dll	2017/6/26 21:42	应用程序扩展	2,023 KB
readme404.pdf	2017/4/22 2:03	Foxit PDF Reade...	768 KB
readme409.pdf	2017/3/31 2:28	Foxit PDF Reade...	682 KB
readme804.pdf	2017/4/22 2:08	Foxit PDF Reade...	774 KB
S7200SMART-ES_pi_OSS_zLib_404.pdf	2012/6/20 23:32	Foxit PDF Reade...	202 KB
S7200SMART-ES_pi_OSS_zLib_409.pdf	2013/10/8 3:28	Foxit PDF Reade...	35 KB
S7200SMART-ES_pi_OSS_zLib_804.pdf	2013/10/8 3:28	Foxit PDF Reade...	167 KB
setup.exe	2017/6/26 21:42	应用程序	1,149 KB
Setup.ini	2017/6/26 21:42	配置设置	6 KB
setup.isn	2010/8/2 12:10	ISN 文件	41 KB
splash.bmp	2017/3/30 21:53	BMP 文件	572 KB
STEP 7-MicroWIN SMART.msi	2017/6/26 21:42	Windows Install...	1,106 KB

双击安装

图 2.1　安装步骤 1

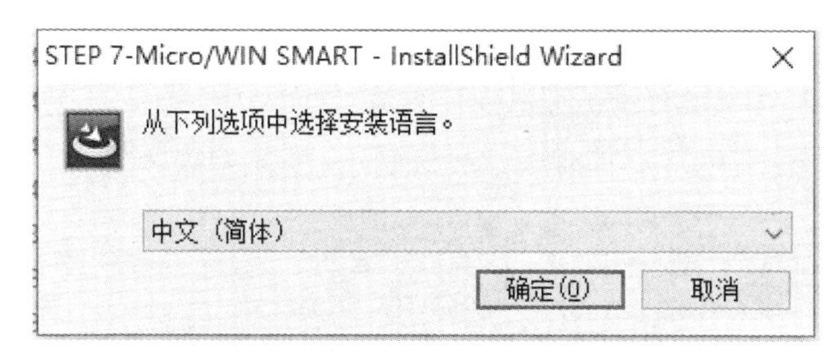

图 2.2　安装步骤 2

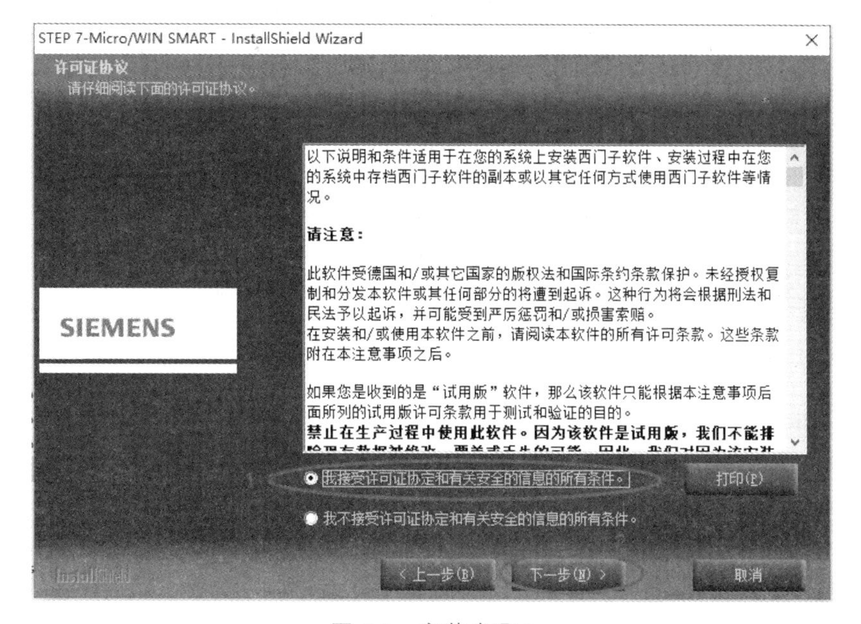

图 2.3　安装步骤 3

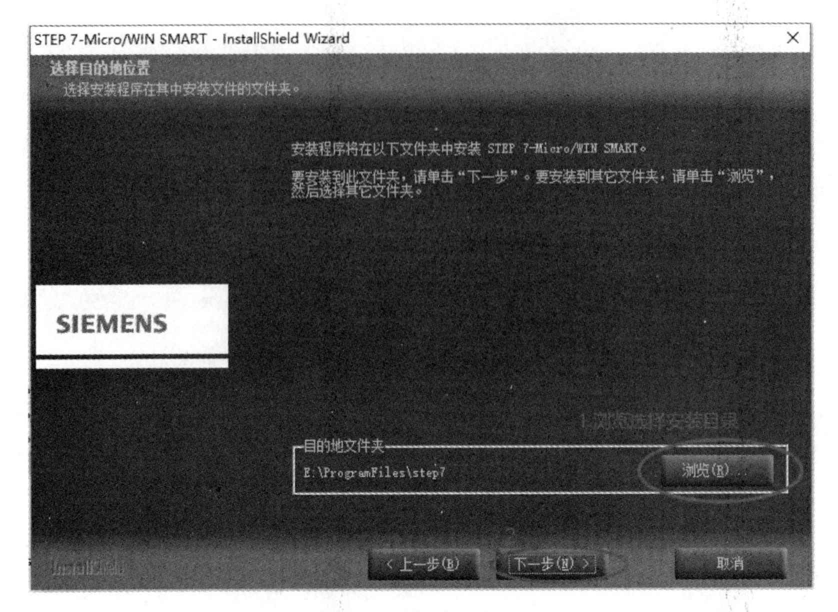

图 2.4　安装步骤 4

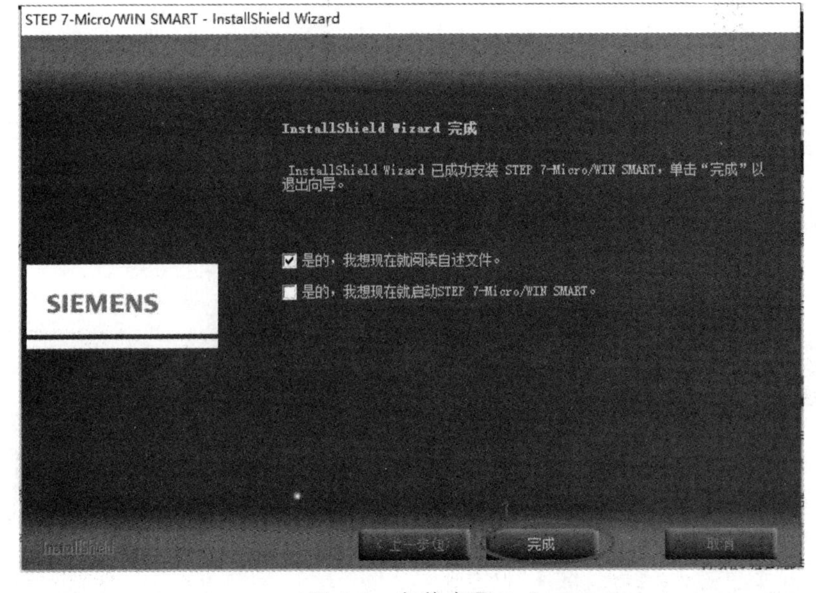

图 2.5　安装步骤 5

2.2　软件界面介绍

STEP 7-Micro/WIN SMART 软件作为新一代的小型控制器的编程和组态软件，重新整合了工具菜单的布局，同时允许用户自定义整体界面的布局和窗口大小。

双击桌面的快捷方式打开该软件，出现如图 2.6 所示的软件初始界面。STEP 7-Micro/WIN SMART 软件由下面几个重要部分组成：

（1）平铺式工具栏。

（2）项目树和指令树。

（3）程序编辑器。
（4）主菜单和新建、保存等快捷方式。
（5）符号表，状态表等快捷方式。
（6）启动、停止、上传、下载等常用快捷方式。
（7）其他窗口：用于显示符号表、变量表等。

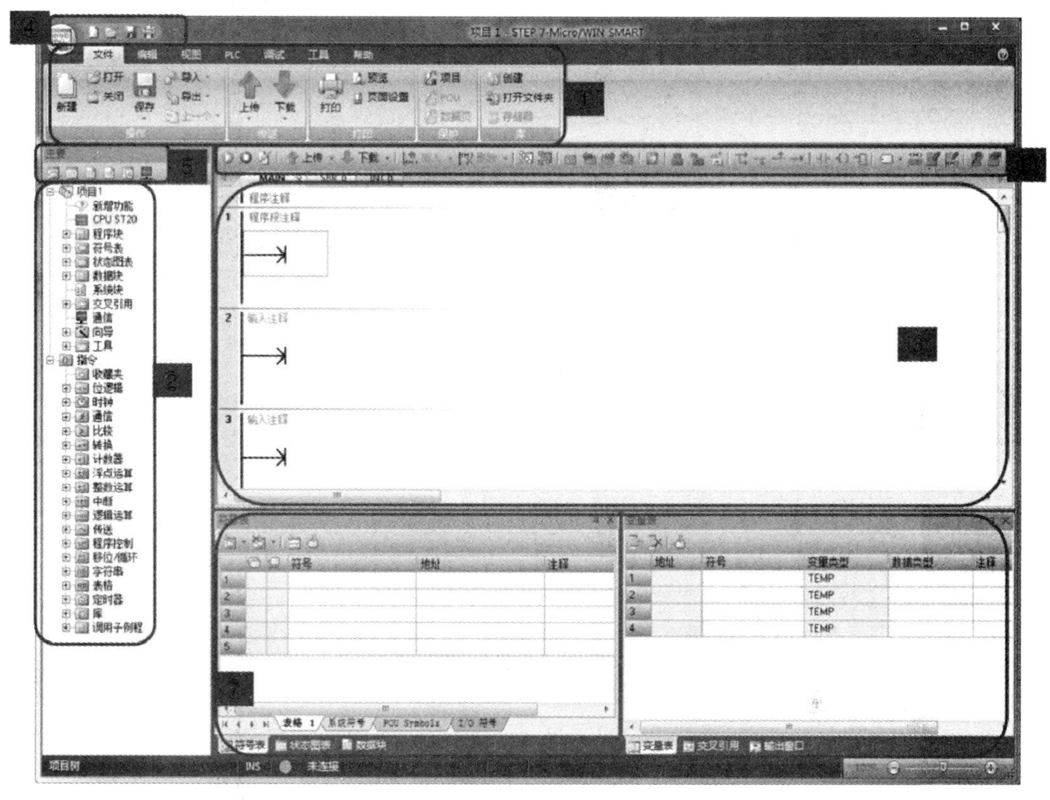

图 2.6　软件界面

2.3　桌面的菜单结构

STEP 7-Micro/WIN SMART 软件下拉菜单的结构为桌面平铺模式，根据功能类别分为文件、编辑、视图、PLC、调试、工具和帮助七组。这种分类方式和西门子其他工控软件类似，可以让初学者更加容易上手。

“文件”菜单主要包含对项目整体的操作、传送、打印、保存和库文件的操作，如图 2.7 所示。

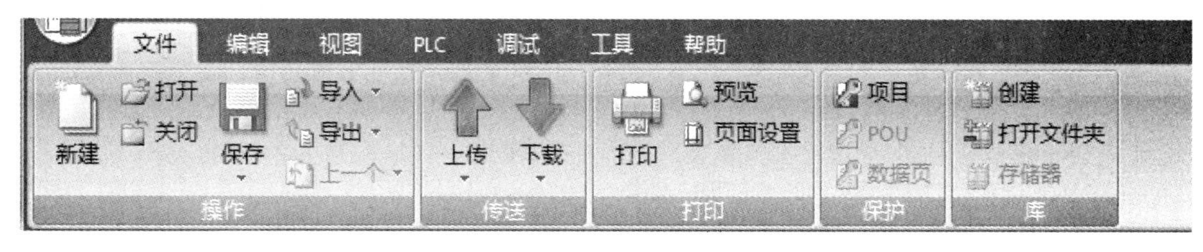

图 2.7　文件菜单

“编辑”菜单主要包含对项目程序的修改功能，包括剪贴板、插入和删除程序对象以及搜索功能，如图 2.8 所示。

“视图”菜单包含的功能有程序编辑语言的切换，不同组件之间的切换显示，符号表和符号寻址优先级的修改、书签的使用，以及打开 POU 和数据页属性的快捷方式，如图 2.9 所示。

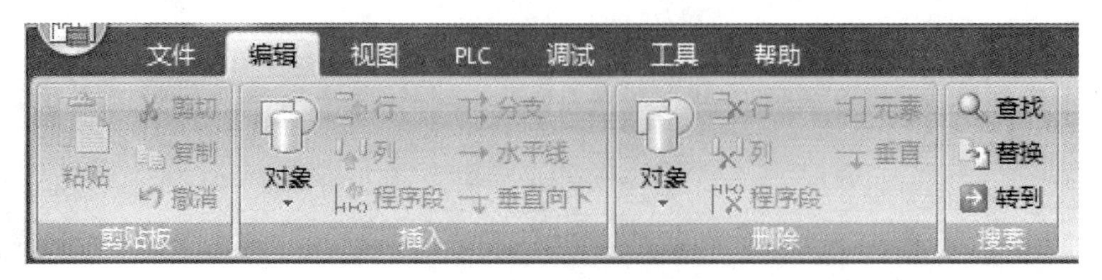

图 2.8 “编辑”菜单

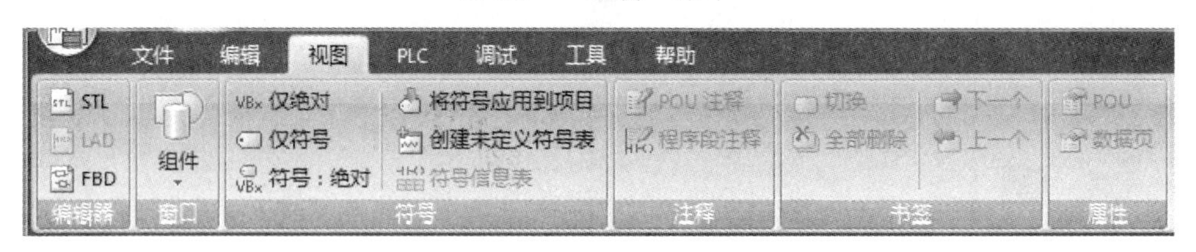

图 2.9 “视图”菜单

PLC 菜单包含的主要功能是对在线连接的 S7-200 SMART CPU 进行操作和控制，比如控制 CPU 的运行状态，编译和传送项目文件，清除 CPU 中项目文件，比较离线和在线的项目程序，读取 PLC 信息，修改 CPU 的实时时钟，如图 2.10 所示。

图 2.10 “PLC”菜单

“调试”菜单的主要功能是在线连接 CPU 后，对 CPU 中的数据进行读/写和强制对程序运行状态进行监控。这里的“执行单次”和“执行多次”的扫描功能是指 CPU 从停止状态开始执行一个扫描周期或者多个扫描周期后自动进入停止状态，常用于对程序的单步或多步调试。“调试”菜单如图 2.11 所示。

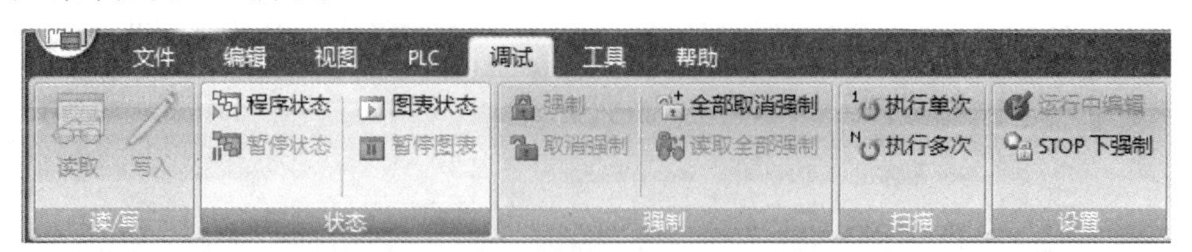

图 2.11 “调试”菜单

“工具”菜单中主要包含向导和相关工具的快捷打开方式以及 STEP 7-Micro/WIN SMART 软件的选项，如图 2.12 所示。

“帮助”菜单包含西门子支持网站的超级链接、软件自带帮助文件的快捷打开方式以及当前的软件版本，如图 2.13 所示。

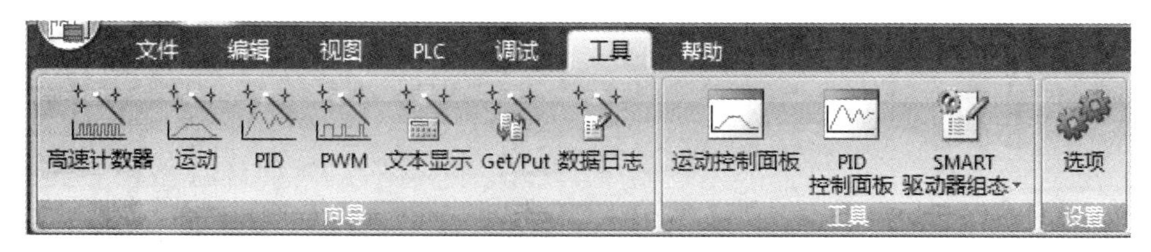

图 2.12　“工具”菜单

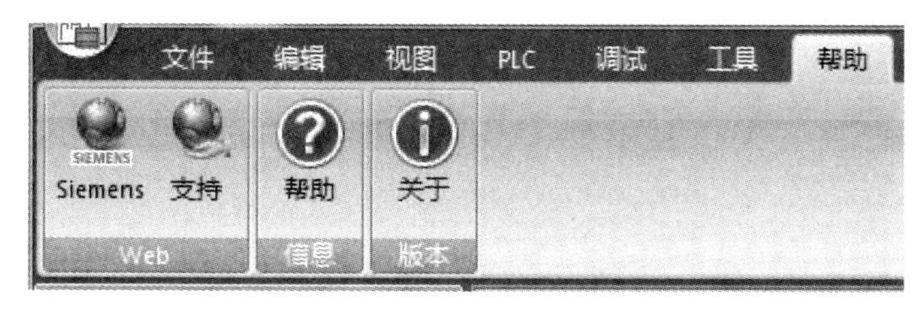

图 2.13　“帮助”菜单

2.4　建立一个完整项目

下面以电机起/停控制梯形图为例，完整地介绍一个程序从输入到下载、运行和监控的全过程。

1. 硬件配置

展开指令树中的“项目 1”节点，选中并双击“CPU ST20”（也可能是其他型号的 CPU），这时弹出“系统块”界面，单击“下三角”按钮，在下拉列表框中选定“CPU ST20（DC/DC/DC）”（本实验台所用机型），然后单击“确认”按钮，如图 2.14 所示。

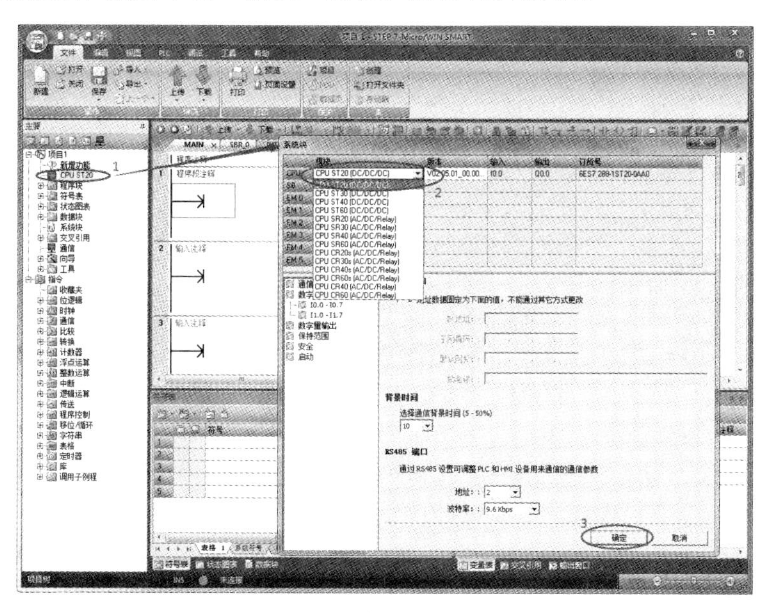

图 2.14　软件初始界面

2. 输入程序

展开指令树中的“指令”节点，依次双击常开触点按钮“⊣ ⊢”（或者拖入程序编辑窗口）、常闭触点按钮“⊣/⊢”、输出线圈按钮“-(　)”，换行后再双击常开触点按钮“⊣ ⊢”，出现程序输入界面。单击红色的问号，选择或输入符号名或其地址，输入完毕后如图 2.15 所示。

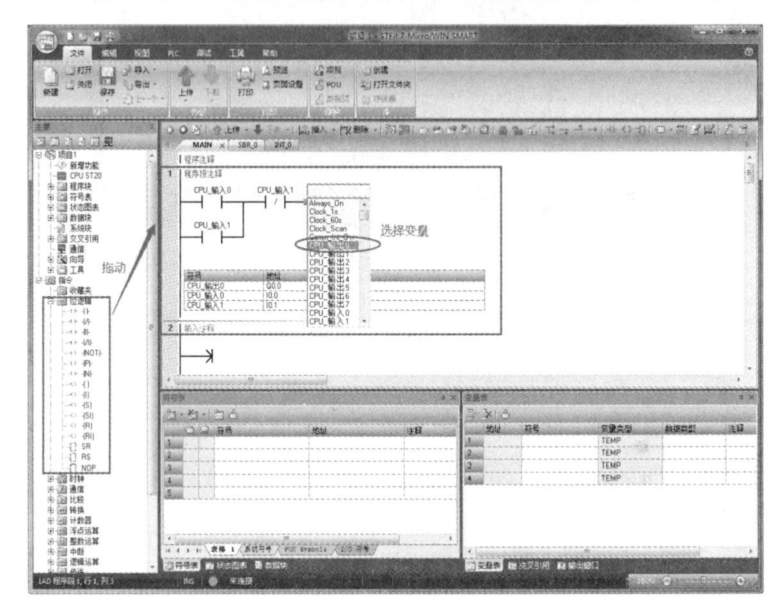

图 2.15　程序输入

3. 编译程序

单击标准工具栏的“编译”按钮必进行编译，若程序有错误，则输出窗口会显示错误信息。编译后如果有错误，可在下方的输出窗口查看错误，双击该错误即跳转到程序中该错误的所在处，根据系统手册中的指令要求进行修改，如图 2.16 所示。

4. 连机通信

选中项目树中的项目下的“通信”，如图 2.17 所示，双击该项目，弹出“通信”对话框。单击“下三角”按钮，选择个人计算机的网卡，这个网卡与计算机的硬件有关。鼠标单击“查找 CPU”选项，会显示当前连接的 CPU 的 IP 地址，选择确定即可连接 CPU 与 STEP7。

注意：

（1）通信接口可以通过图 2.18 界面中“描述”属性值获得。

（2）计算机 IP 地址需要和 CPU 地址处于同一网段才能连接，否则将报错。例如本例中 CPU IP 地址为 169.254.171.1，那么计算机 IP 则应为 169.254.171.xxx。

（3）通过图 2.17 中“编辑”按钮，可以更改当前已找到 CPU 的 IP 地址。

修改计算机本地连接 IP 方法：

首先打开个人计算机的“网络连接”，选中“本地连接”，单击鼠标右键，弹出快捷菜单，单击“属性”选项选中“Internet 协议版本 4（TCP/IPv4）”选项，单击“属性”按钮，选择“使用下面的 IP 地址”选项，输入 IP 地址为 169.254.171.xxx（不能和 PLC IP 地址相同）和子网掩码 255.255.255.0，单击“确定”按钮即可。

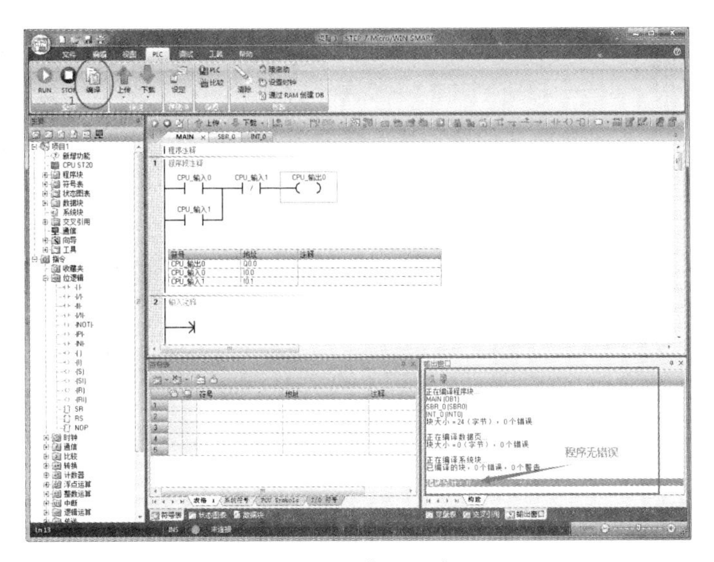

图 2.16　编译程序

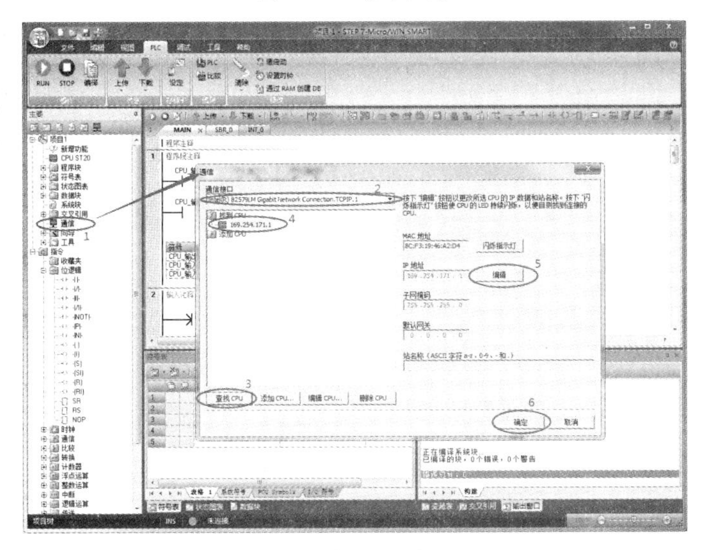

图 2.17　打开通信界面

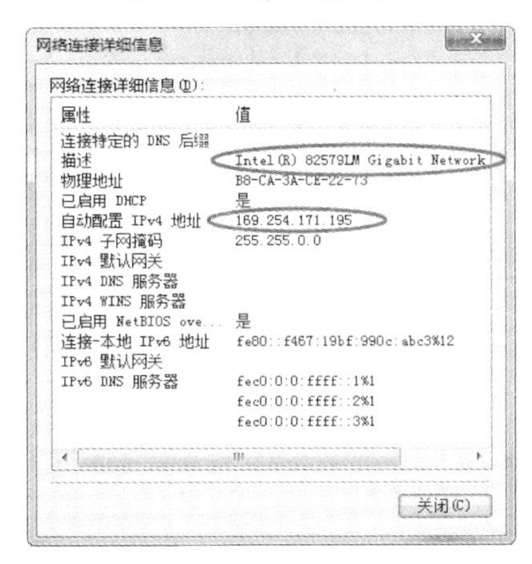

图 2.18　本地连接

5. 下载程序

单击工具栏中的“下载”按钮，弹出“下载”对话框，将“选项”栏中的“程序块”“数据块”和“系统块”3 个选项全部勾选，然后单击“是”按钮，则程序自动下载到 PLC 中。下载成功后，输出窗口中有“下载已成功完成！”字样的提示，如图 2.19 所示，最后单击“关闭”按钮。

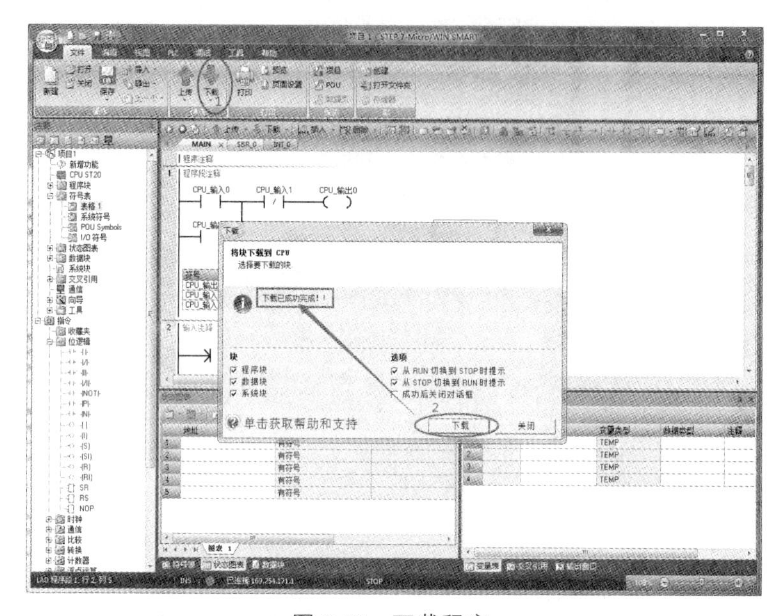

图 2.19　下载程序

6. 运行和停止运行模式

要运行下载到 PLC 中的程序，只要单击工具栏中“运行”按钮即可，如图 2.20 所示。同理要停止运行程序，只要单击工具栏中“停止”按钮即可。

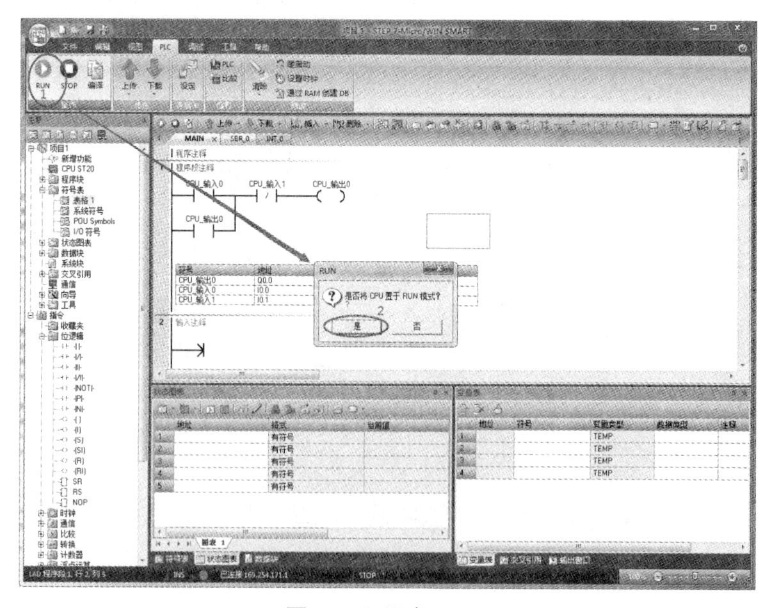

图 2.20　运行 PLC

7. 程序状态监控

在调试程序时，“程序状态监控”功能非常有用，当开启此功能时，闭合的触点中有蓝色的矩形，而断开的触点中没有蓝色的矩形，如图 2.21 所示。要开启“程序状态监控”功能，只需要单击菜单栏上的“调试”→“程序状态”按钮即可。监控程序之前，程序应处于“运行”状态。

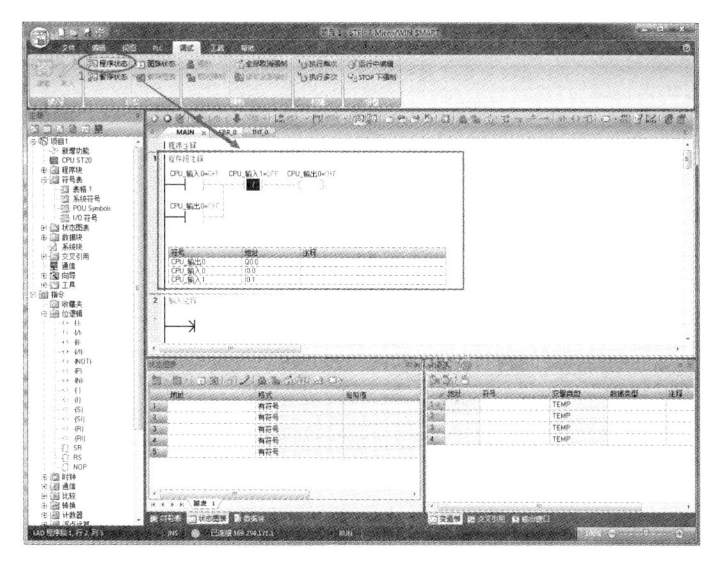

图 2.21　运行监视

2.5　变量符号表

如图 2.22 所示，单击项目树上方左边第一个“符号表”按钮可打开符号表，或者从项目树中双击“符号表”也可打开，或者从底部选项卡中选择符号表也可显示符号表，如图 2.23 所示。其中 1 为用户自定义的符号，2 位系统符号，3 为 POU 系统符号表，4 为 I/O 符号表。

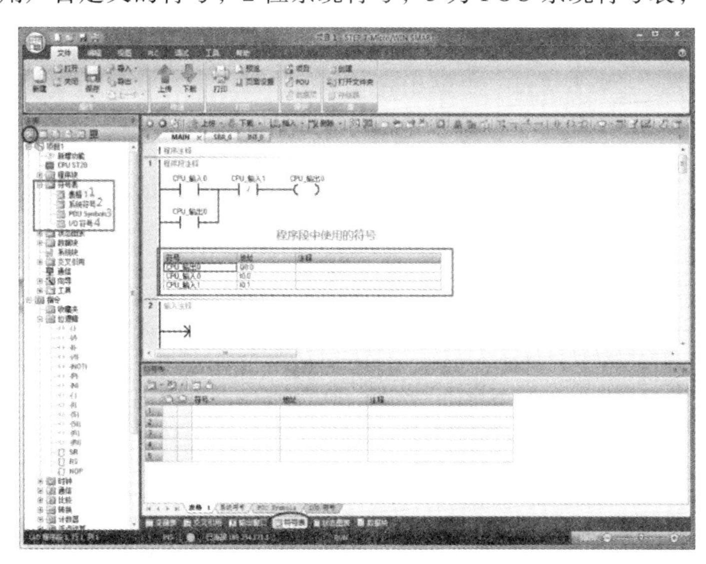

图 2.22　符号表打开方式

1. 表格主体

从图 2.23 符号表中可以看出，表格主体包含符号、地址和注释三列。用户可以在该表格中定义某些地址所表示的含义，如图中 M0.0 表示电机启动，M0.1 表示电机停止。

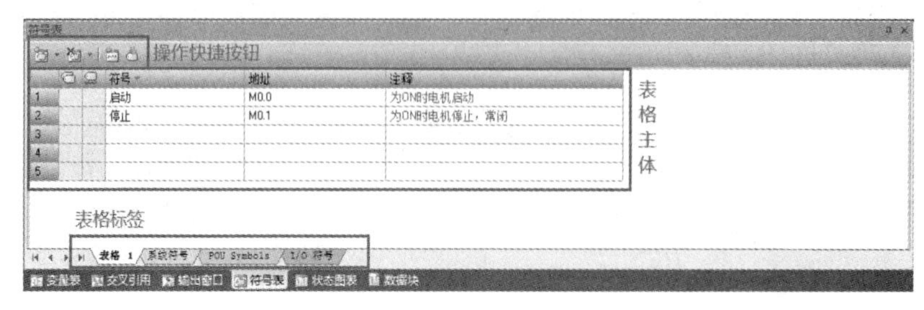

图 2.23　符号表

（1）符号。

“符号”列为符号名，最多可以由 23 个字符组成，可以包含大小写字母、汉字、阿拉伯数字和一些字符。符号名必须符合下面语法规则；

· 不能用数字作为符号名的开头。

· 可以包含下划线等字符，但必须是在 ASCI1 128 ~ ASCII 256 中的扩充字符。

· 不能使用关键字（如“BOOL”）作为符号名（关键字列表请参考 STEP 7-Micro/WIN SMART 软件在线帮助）。

· 相同的地址不能有多个符号名。

· 相同的符号名不能分配给不同的地址。

（2）地址。

用户可以为 S7-200 SMART CPU 的各种地址分配符号名。可被分配符号名的地址包括：I、Q、AI、AQ、V、M、T、C、S。需要注意的是，在 STEP 7- Micro/WIN SMART 软件中新建一个项目后，通常系统符号表和 I/O 符号表会被自动插入，如果需要，用户可以自行修改已有符号表中的条目，以防止对地址重复命名。

（3）注释。

注释最多可以包含 79 个字符，可以包含汉字、字母、数字和常用符号。

2. 操作快捷按钮

符号表中快捷按钮的功能从左至右依次是：添加表、删除表，创建未定义符号表和将符号表应用到项目。

（1）添加表。

通过“添加表”，可以在项目中插人一个符号表、系统符号表、I/O 映射表，或者在当前符号表中插入新一行。

（2）删除表。

通过“删除表”，可以删除一个符号表或者当前符号表中的一行。

（3）创建未定义符号表。

在程序中，如果用户已经使用了一个符号名，但是还未给此符号名分配数据地址。

单击“创建未定义符号表”按钮后，STEP 7-Micro/WIN SMART 软件会自动创建一个新符号表，并将项目中所有的未定义符号名罗列在这个新符号表中，用户在“地址”列中键入地址即可。

（4）将符号表应用到项目。

在符号表中做了任何修改后，可以通过“将符号表应用到项目”按钮，将最新的符号表信息更新到整个项目中。

3. 表格标签

（1）重命名用户自定义符号表。

如果需要重命名某符号表，可以右击需要被修改名称的符号表标签，然后在弹出的快捷菜单中选择“重命名”选项，符号表名称即可进入可编译状态。

（2）系统符号表。

系统符号表中包含了 S7-200 SMART CPU 的所有特殊寄存器（SM）的符号定义，包含了与实际功能相关的符号名和注释中的详细描述，以方便用户在编程过程中使用。系统符号表如图 2.24 所示。

符号表

	符号	地址	注释
1	Always_On	SM0.0	始终接通
2	First_Scan_On	SM0.1	仅在第一个扫描周期时接通
3	Retentive_Lost	SM0.2	在保持性数据丢失时开启一个周期
4	RUN_Power_Up	SM0.3	从上电进入 RUN 模式时，接通一个扫描周期
5	Clock_60s	SM0.4	针对 1 分钟的周期时间，时钟脉冲接通 30 s...
6	Clock_1s	SM0.5	针对 1 s 的周期时间，时钟脉冲接通 0.5 s，...
7	Clock_Scan	SM0.6	扫描周期时钟，一个周期接通，下一个周期...
8	RTC_Lost	SM0.7	如果系统时间在上电时丢失，则该位将接通...
9	Result_0	SM1.0	特定指令的运算结果 = 0 时，置位为 1
10	Overflow_Illegal	SM1.1	特定指令执行结果溢出或数值非法时，置位...
11	Neg_Result	SM1.2	当数学运算产生负数结果时，置位为 1
12	Divide_By_0	SM1.3	尝试除以零时，置位为 1
13	Table_Overflow	SM1.4	当填表指令尝试过度填充表格时，置位为 1
14	Not_BCD	SM1.6	尝试将非 BCD 数值转换为二进制数值时，置...
15	Not_Hex	SM1.7	当 ASCII 数值无法被转换为有效十六进制数...
16	Receive_Char	SMB2	包含在自由端口通信过程中从端口 0 或端口...
17	Parity_Err	SM3.0	当端口 0 或端口 1 接收到的字符中有奇偶校...
18	Comm_Int_Ovr	SM4.0	如果通信中断队列溢出（仅限中断例程），...
19	Input_Int_Ovr	SM4.1	如果输入中断队列溢出（仅限中断例程），...
20	Timed_Int_Ovr	SM4.2	如果定时中断队列溢出（仅限中断例程），...
21	RUN_Err	SM4.3	当检测到运行编程错误时置位为 1
22	Int_Enable	SM4.4	指示全局中断启用状态：1 = 已启用中断
23	Xmit0_Idle	SM4.5	当发送器空闲时置位为 1（端口 0）
24	Xmit1_Idle	SM4.6	当发送器空闲时置位为 1（端口 1）
25	Force_On	SM4.7	值被强制时置位为 1：1 = 强制值，0 = 未强制值

表格 1　系统符号　POU Symbols　I/O 符号

变量表　交叉引用　输出窗口　符号表　状态图表　数据块

图 2.24　系统符号表

（3）POU 符号表。

POU 符号表包含项目中所有程序组织单元的符号名信息。该表格为只读表格，如果用户需要修改子程序或中断服务程序等 POU 的符号名，则要到项目树中修改。POU 符号表如图 2.25 所示。

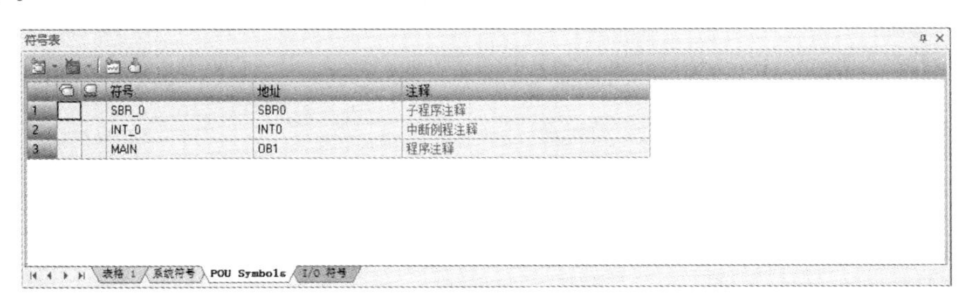

符号表

	符号	地址	注释
1	SBR_0	SBR0	子程序注释
2	INT_0	INT0	中断例程注释
3	MAIN	OB1	程序注释

表格 1　系统符号　POU Symbols　I/O 符号

图 2.25　POU 符号表

（4）I/O 符号表。

I/O 符号表是 STEP 7-Micro/WIN SMART 软件根据硬件组态中的 CPU 和扩展模块信息，自动生成的一个数字量和模拟量输入、输出的符号表，系统默认的符号名按照通道由物理位置决定，例如 CPU 集成的第一个数字量的输入通道默认的符号名是“CPU_输入 0”，第一个扩展模块的第一个输入通道默认的符号名是“EMO_输入 0”。I/O 符号表如图 2.26 所示。通常，新建一个项目后，系统符号表和 I/O 符号表都是默认被自动添加到符号表中。如果用户不希望这两个符号表被系统添加，可以在选项中进行修改。选择“工具”→“选项”→“项目”选项，然后在弹出的 Options 对话框中取消勾选“将系统符号添加到新项目中”和“向新项目添加 I/O 映射表”选项，如图 2.27 所示。取消勾选后，下次启动 STEP 7-Micro/WIN SMART 软件时，这两个符号表将不再被自动添加。

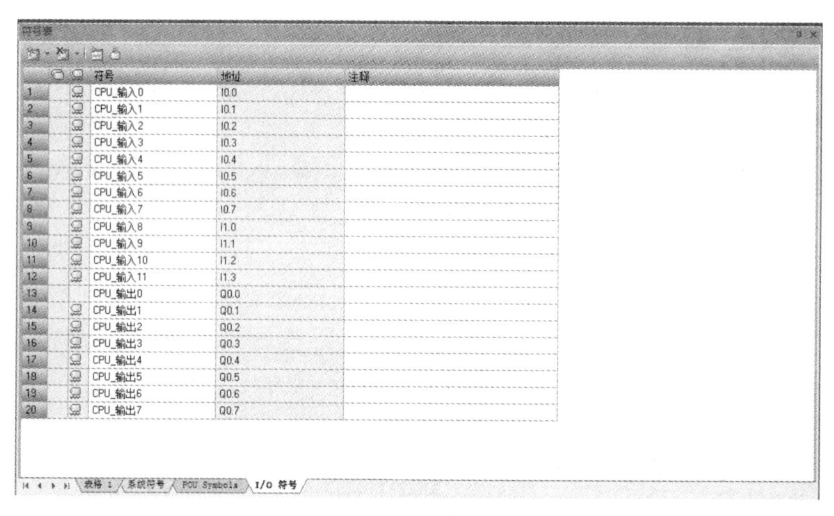

	符号	地址	注释
1	CPU_输入0	I0.0	
2	CPU_输入1	I0.1	
3	CPU_输入2	I0.2	
4	CPU_输入3	I0.3	
5	CPU_输入4	I0.4	
6	CPU_输入5	I0.5	
7	CPU_输入6	I0.6	
8	CPU_输入7	I0.7	
9	CPU_输入8	I1.0	
10	CPU_输入9	I1.1	
11	CPU_输入10	I1.2	
12	CPU_输入11	I1.3	
13	CPU_输出0	Q0.0	
14	CPU_输出1	Q0.1	
15	CPU_输出2	Q0.2	
16	CPU_输出3	Q0.3	
17	CPU_输出4	Q0.4	
18	CPU_输出5	Q0.5	
19	CPU_输出6	Q0.6	
20	CPU_输出7	Q0.7	

图 2.26　I/O 符号表

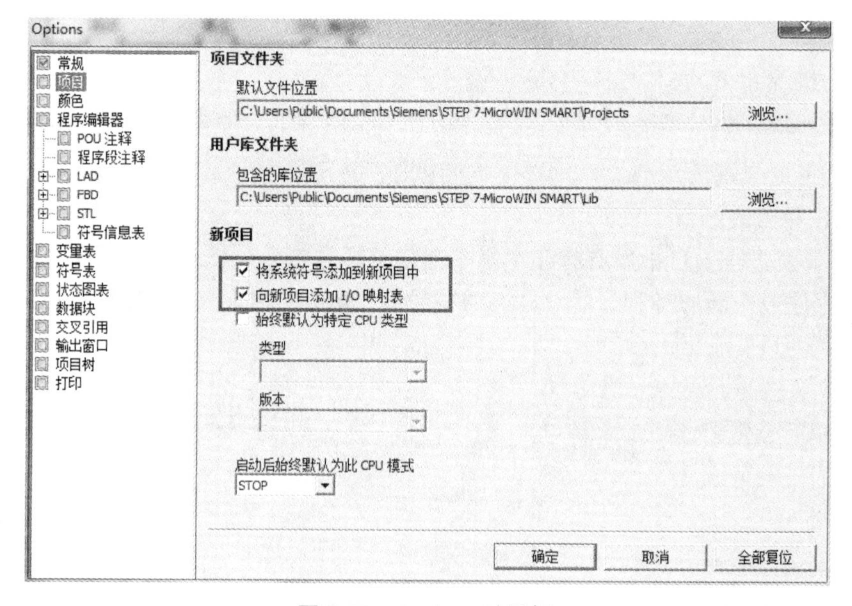

图 2.27　Options 对话框

4. 寻址方式

STEP 7-Micro/WIN SMART 软件有三种寻址方式：仅绝对地址寻址、仅符号地址寻址和符号+绝对地址寻址，可以在“视图”菜单中进行切换，如图 2.28 所示。

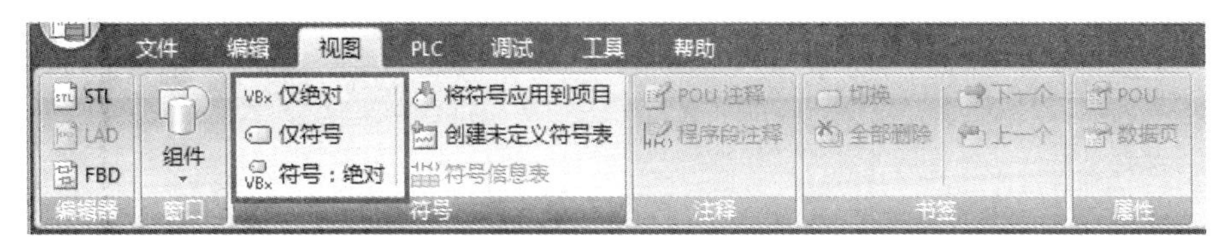

图 2.28　寻址方式切换

三种寻址方式的特点是：

· 绝对地址在指令中仅显示绝对地址，且绝对地址具有更高的寻址优先级。

· 符号名称在指令中仅显示符号名称，且符号名称具有更高的寻址优先级。

· 符号、绝对在指令中显示两者（“符号名称：绝对地址”的格式），符号名称具有更高的寻址优先级。

2.6　系统块

对于 S7-200 SMART CPU 而言，系统块的设置是必不可少的，类似于 S7-300/400 的硬件组态。

S7-200 SMART CPU 提供了多种参数和选项设置以适应具体应用，这些参数和选项在“系统块”对话框内设置。系统块必须下载到 CPU 中才起作用。有的初学者修改程序后不会忘记重新下载程序，而在软件中更改参数后却忘记了重新下载，这样系统块则不起作用。

1. 打开系统块

双击项目树中的 CPU 型号或系统块，可打开“系统块”对话框。除此之外，单击菜单栏中的“视图”→“组件”→“系统块”，也可打开“系统块”对话框（见图 2.29）。

2. 硬件配置

“系统块”对话框的顶部显示已经组态的模块，并允许添加或删除模块。使用下拉列表更改、添加或删除 CPU 型号、信号板和扩展模块。添加模块时，输入列和输出列显示已分配的输入地址和输出地址。

如图 2.30 所示，方框 1 显示要配置的 CPU 以及其他扩展模块的型号，单击模块型号名称，可以显示所有 CPU 的型号，读者选择适合的型号[本例为 CPUST20（DC/DC/DC）]，方框 2 显示对应模块输入点的起始地址和输出点的起始地址。

顶部的表格中的第二行为要配置的扩展板模块，可以是数字量模块、模拟量模块和通信模块。

顶部的表格中的第二行至第六行为要配置的扩展模块，可以是数字量模块、模拟量模块和通信模块。注意扩展模块和扩展板模块不能混淆。

这里不仅组态了 CPU，还包括一个 EM AM03 模拟量扩展模块。这些地址是软件系统自动生成，不能修改（S7-300/400 的地址是可以修改的）。

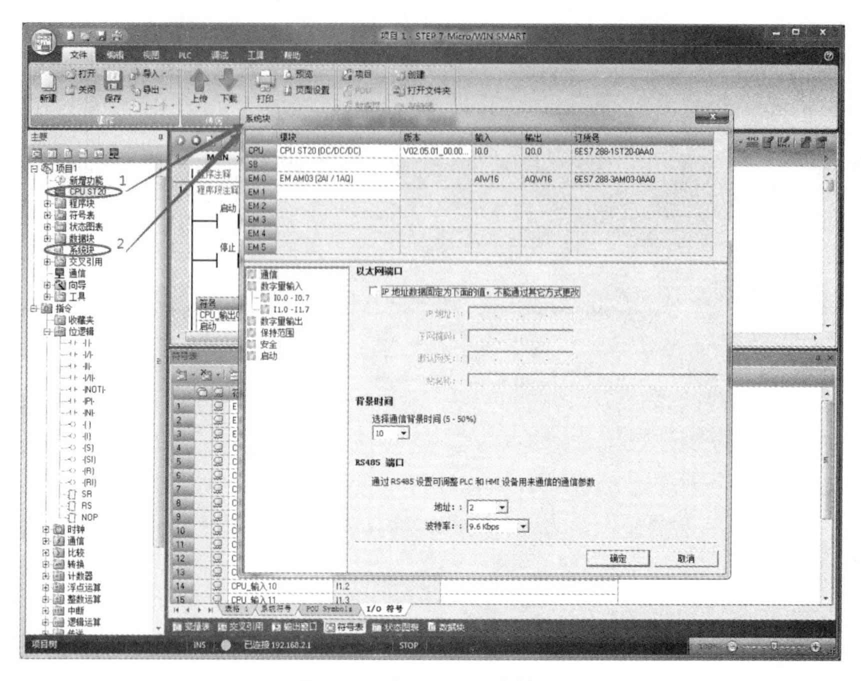

图 2.29　打开“系统块”

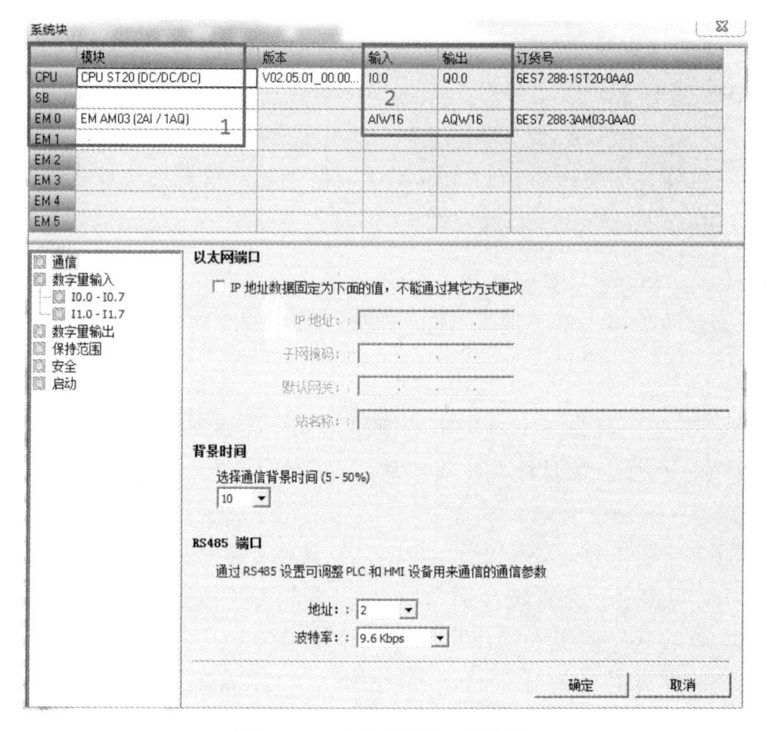

图 2.30　“系统块”对话框

3. 通信端口的设置

以太网通信端口是 S7-200 SMART 的特色配置，这个端口既可以用于下载程序，也可以用于与 HMI 通信，以后也可能设计成与其他 PLC 进行以太网通信。以太网通信端口的设置如下。

（1）以太网端口设置。

首先，选中 CPU 模块，勾选“通信”选项，再勾选“IP 地址数据固定为下面的值，不能通过其他方式更改”选项，如图 2.31 所示。如果要下载程序，IP 地址应该就是 CPU 的 IP 地址，如果 STEP 7-Micro/win SMART 和 CPU 已经建立了通信，那么可以把读者想要设置的 IP 地址输入 IP 地址右侧的空白处。子网掩码一般设置为“255.255.255.0”，最后单击“确定”按钮即可。如果是要修改 CPU 的 IP 地址，则必须把“系统块”下载到 CPU 中，运行后才能生效。

（2）集成串口的设置。

首先，选中 CPU 模块，再勾选“通信”选项，再设定 CPU 的地址，“地址”右侧有个下拉“倒三角”按钮，读者可以选择，想要设定的地址，默认为“2”。波特率的设置是通过“波特率”右侧的下拉“倒三角”按钮选择的，默认为 9.6kbits，这个数值在串行通信中最为常用，如图 2.31 所示。最后单击“确定”按钮即可。如果是要修改 CPU 的串口地址，则必须把“系统块”下载到 CPU 中，运行后才能生效。

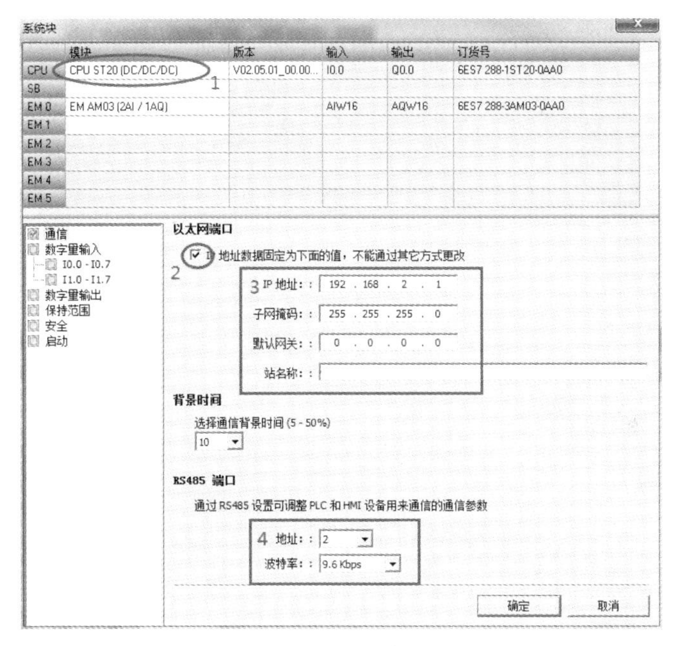

图 2.31　以太网端口设置

4. 集成输入的设置

（1）修改滤波时间。

S7-200 SMART CPU 允许为某些或所有数字量输入点选择一个定义时延（可在 0.2 ~ 12.8 ms 和 0.2 ~ 12.8 μs 之间选择）的输入滤波器。该延迟可以减少例如按钮闭合或者分开瞬间的噪声干扰。设置方法是先选中 CPU，再勾选“数字量输入”选项，再修改延时长短，最后单击“确定”按钮，如图 2.32 所示。

（2）脉冲捕捉位。

S7-200 SMART CPU 为数字量输入点提供脉冲捕捉功能。通过脉冲捕捉功能可以捕捉高电平脉冲或低电平脉冲。使用了“脉冲捕捉位”可以捕捉比扫描周期还短的脉冲。设置“脉冲捕捉位”的使用方法如下。

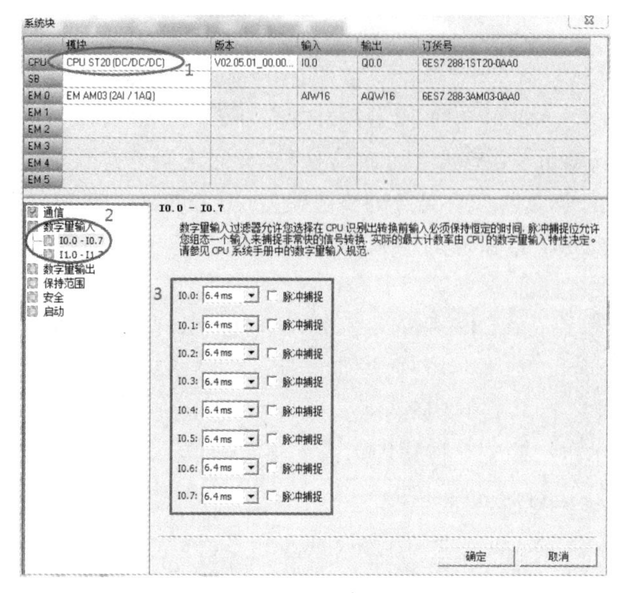

图 2.32　设置滤波时间

先选中 CPU，再勾选“数字量输入”选项，再勾选对应的输入点。

5. 集成输出的设置

当 CPU 处于 STOP 模式时，可将数字量输出点设置为特定值，或者保持在切换到 STOP 模式之前存在的输出状态。

（1）将输出冻结在最后状态。

设置方法：先选中 CPU，勾选“数字量输出”选项，再勾选“将输出冻结在最后状态”复选框，最后单击“确定”按钮。就可在 CPU 进行 RUN 到 STOP 转换时将所有数字量输出冻结在其最后的状态，如图 2.33 所示。例如 CPU 最后的状态 Q0.0 是高电平，那么 CPU 从 RUN 到 STOP 转换时，Q0.0 仍然是高电平。

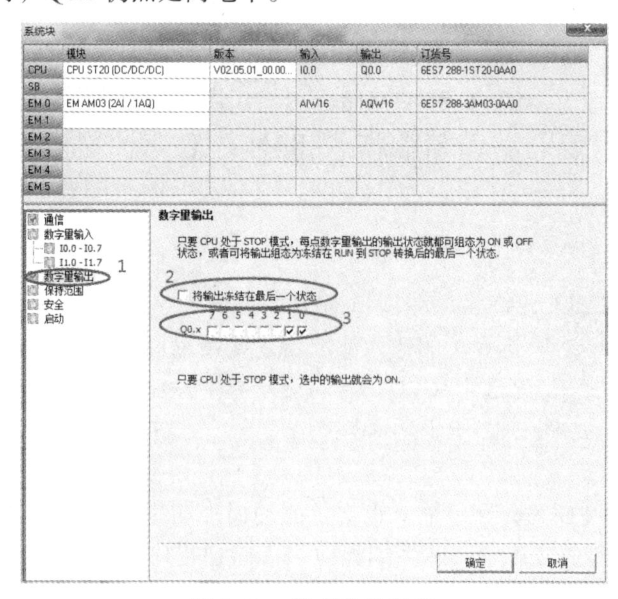

图 2.33　集成输出设置

（2）替换值。

设置方法：先选中 CPU，勾选“数字量输出”选项，再勾选“要替换的点”复选框（本例的替换值为 Q0.0 和 Q0.1），最后单击“确定”按钮，如图 2.33 中“3”所示，当 CPU 从 RUN 到 STOP 转换时，Q0.0 和 Q0.1 将是高电平，不管 Q0.0 和 Q0.1 之前是什么状态。

6. 设置断电数据保持

在“系统块”对话框中，单击“系统块”节点下的“保持范围”，可打开“保持范围”对话框，如图 2.34 所示。

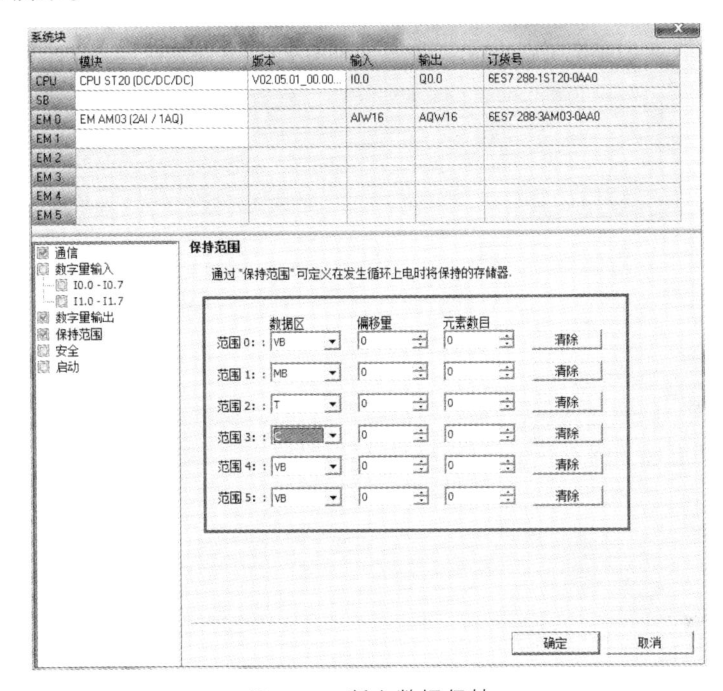

图 2.34　断电数据保持

断电时，CPU 将指定的保持性存储器范围保存到永久存储器。

上电时，CPU 先将 V、M、C 和 T 存储器清零，将所有初始值都从数据块复制到 V 存储器，然后将保存的保持值从永久存储器复制到 RAM。

7. 安全

通过设置密码可以限制对 S7-200 SMART CPU 的内容的访问。在“系统块”对话框中，单击“系统块”节点下的“安全”，可打开“安全”选项卡，设置密码保护功能，如图 2.35 所示。密码的保护等级分为 4 个等级，除了“完全权限（1 级）”外，其他的均需要在“密码”和“验证”文本框中输入起保护作用的密码。

8. 启动项的组态

在“系统块”对话框中，单击“系统块”节点下的“启动”，可打开“启动”选项卡，CPU 启动的模式有三种，即 STOP、RUN 和 LAST，如图 2.36 所示，可以根据需要选取。

三种模式的含义如下。

（1）STOP 模式。CPU 在上电或重启后始终应该进入 STOP 模式，这是默认选项。

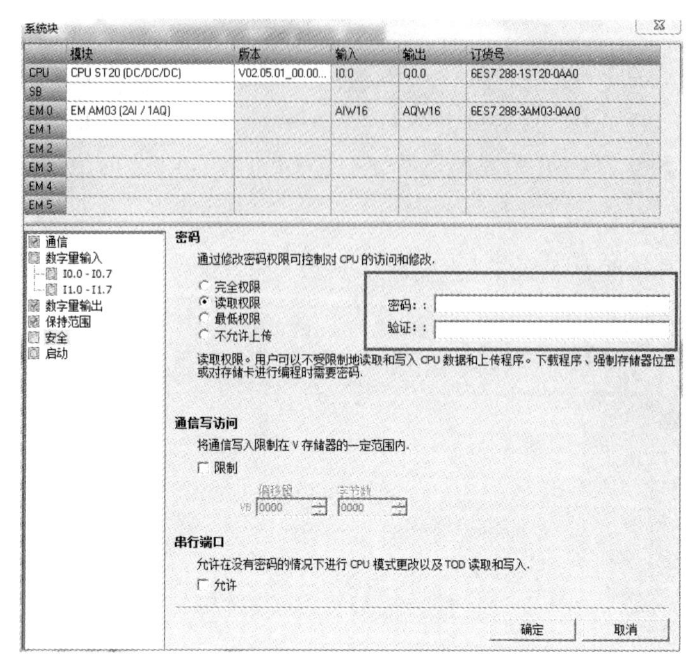

图 2.35　设置密码

（2）RUN 模式。CPU 在上电或重启后始终应该进入 RUN 模式。对于多数应用，特别是对 CPU 独立运行而不连接 STEP 7-Micro/WIN SMART 的应用，RUN 启动模式选项是常用选择。

（3）LAST 模式。CPU 应进入上一次上电或重启前存在的工作模式。

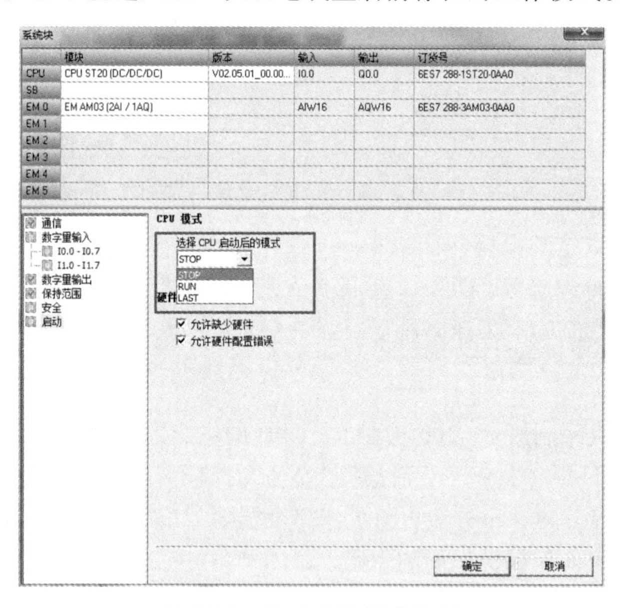

图 2.36　CPU 启动模式选择

9. 模拟量输入模块的组态

S7-200 SMART 的模拟量模块的类型和范围是通过硬件组态实现的。实验台上有模拟量输入模块 EM AM03。以下是硬件组态的说明。

先选中模拟量输入模块 EM AM03，再选中要设置的通道，本例为通道 0，如图 2.37 所示。对于每条模拟量输入通道，都将类型组态为电压或电流。通道 0 和通道 1 的类型相同，也就是说同为电流或者电压输入。

范围就是电流或者电压信号的范围，每个通道都可以根据实际情况选择。

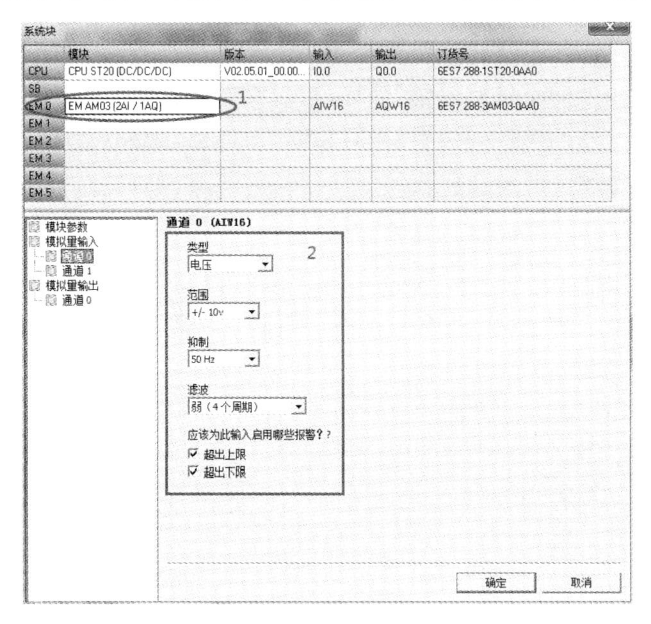

图 2.37　模拟量输入设置

10. 模拟量输出模块的组态

先选中模拟量输出模块，再选中要设置的通道，本例为通道 0，如图 2.38 所示。对于每条模拟量输出通道，都将类型组态为电压或电流。也就是说同为电流或者电压输出。

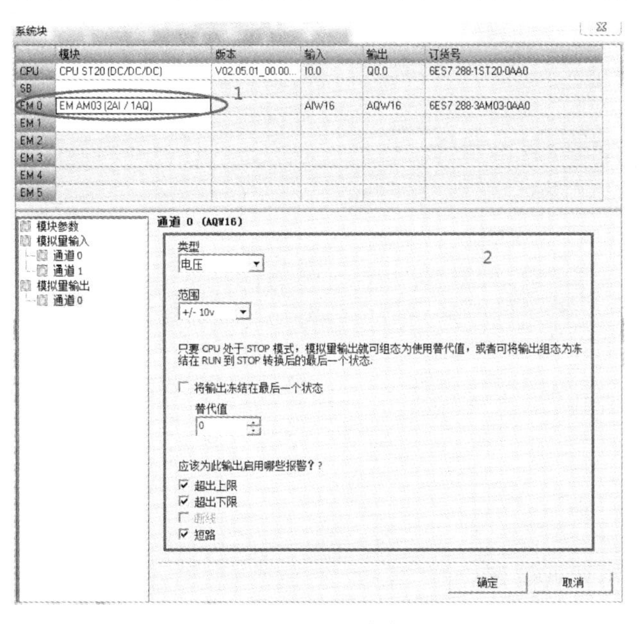

图 2.38　模拟量输出设置

范围就是电流或者电压信号的范围，每个通道都可以根据实际情况选择。

STOP 模式下的输出行为。当 CPU 处于 STOP 模式时，可将模拟量输出点设置为特定值，或者保持在切换到 STOP 模式之前存在的输出状态。

2.7 程序调试

程序调试是工程中的一个重要步骤，因为初步编写完成的程序不一定正确，有时虽然逻辑正确，但需要修改参数，因此程序调试十分重要。STEP7-Micro/WIN SMART 提供了丰富的程序调试工具供用户使用，下面分别进行介绍。

1. 状态图表

使用状态图表可以监控数据，各种参数（如 CPU 的 I/O 开关状态、模拟量的当前数值等）都在状态图表中显示，如图 2.39。此外，配合“强制”功能还能将相关数据写入 CPU，改变参数的状态，如可以改变 I/O 开关状态。

打开状态图表有四种简单的方法，分别如图 2.40 所示。

状态图表

	地址	格式	当前值	新值
1	启动	位		
2	停止	位		
3		有符号		
4		有符号		
5		有符号		

图 2.39 状态图表

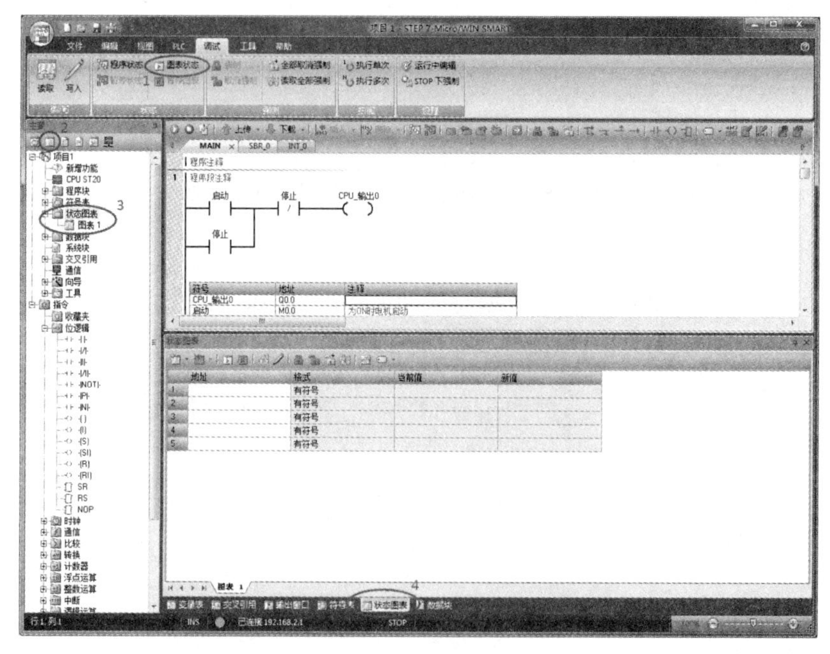

图 2.40 打开状态图表

2. 强制

S7-200 SMART 系列 PLC 提供了强制功能，以方便调试工作。在现场不具备某些外部条件的情况下模拟工艺状态。用户可以对数字量和模拟量进行强制。强制时，运行状态指示灯变成黄色，取消强制后指示灯变成绿色。

如果在没有实际的 I/O 连线时，可以利用强制功能调试程序。先打开“程序状态”使其处于监控状态，在“状态图表”的“新值”数值框中写入要强制的数据[本例输入“CPU_输入 0”（I0.0）的新值为“2#1”]，然后单击工具栏中的“强制”按钮“🔒”，此时，被强制的变量数值上有一个“🔒”标志，如图 2.41 所示。

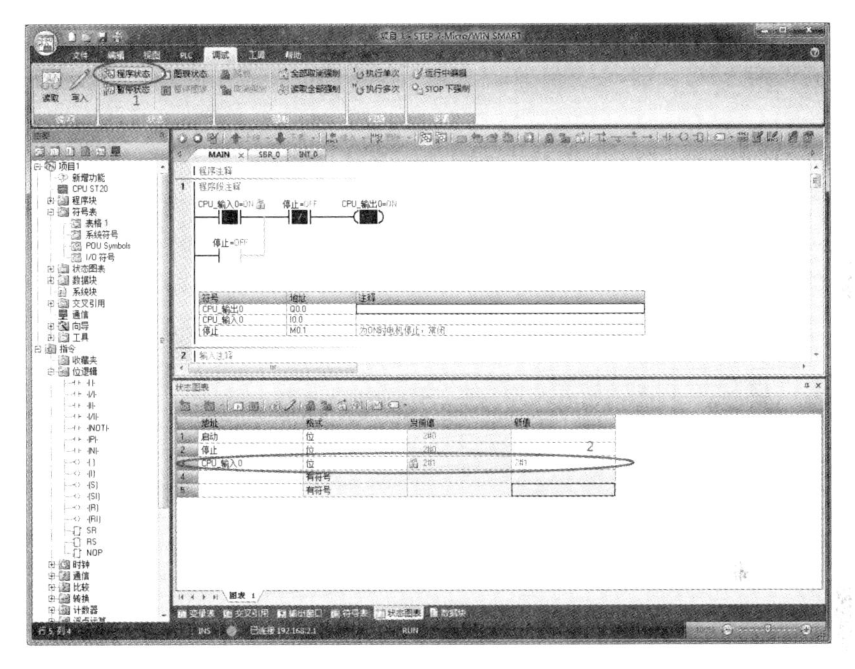

图 2.41　强制

单击工具栏中的“取消全部强制”按钮，可以取消全部的强制。

3. 写入数据

S7-200 SMART 系列 PLC 提供了数据写入功能，以方便调试工作。例如，在“状态图表”窗口中输入 M0.0 的新值“1”，如图 2.42 所示，单击工具栏上的“写入”按钮“✏”，或者单击菜单栏中的“调试”→“写入”命令即可更新数据。

状态图表　2

	地址	格式	当前值	新值
1	启动	位	2#0	2#1
2	停止	位	2#0	
3	CPU_输入0	位	🔒 2#1	2#1
4		有符号		
5		有符号		

图 2.42　写入数据

注意：利用“写入”功能可以同时输入几个数据。“写入”的作用类似于“强制”的作用。但两者是有区别的；强制功能的优先级别要高于“写入”，“写入”的数据可能改变参数状态，但当与逻辑运算的结果抵触时，写入的数值也可能不起作用。例如 Q0.0 的逻辑运算结果是“0”，可以用强制使其数值为“1”，但“写入”就不可达到此目的。

此外，“强制”可以改变输入寄存器的数值，例如 I0.0，但“写入”就没有这个功能了。

2.8 交叉引用

交叉引用表能显示程序中元件使用的详细信息。交叉引用表对查找程序中数据地址十分有用。在项目树的“项目”视图下双击“交叉引用”图标，可弹出如图 2.43 所示的界面。当双击交叉引用表中某个元素时，界面立即切换到程序编辑器中显示交叉引用对应元件的程序段。例如，双击“交叉引用表”中第一行的“I0.0”，界面切换到程序编辑器中，而且光标（方框）停留在“I0.0”上，如图 2.43 所示。

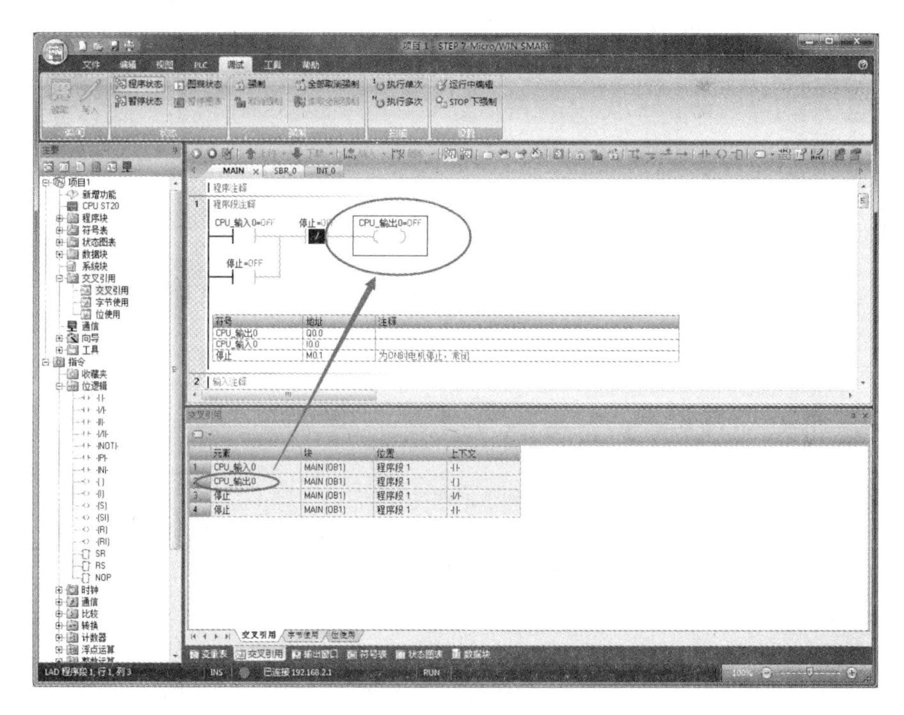

图 2.43　交叉引用

2.9 工具

STEP7-Micro/WIN SMART 中有高速计数器向导、运动向导、PID 向导、PWM 向导、文本显示、运动面板和 PID 控制面板等工具。这些工具很实用，能使比较复杂的编程变得简单，例如，使用“高速计数器向导”，就能将较复杂的高速计数器指令通过向导指引生成子程序。如图 2.44 所示。

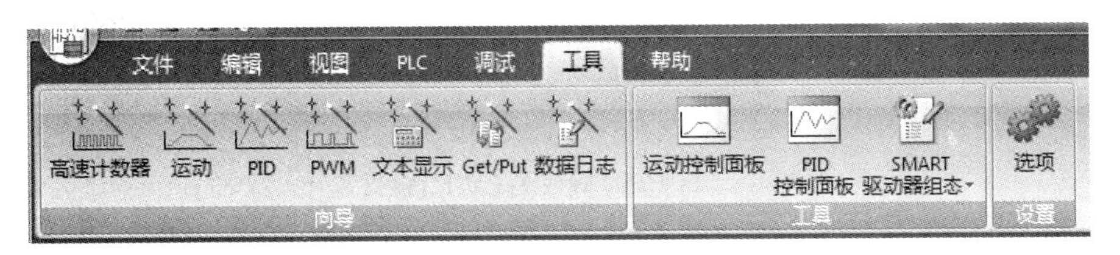

图 2.44　工具

2.10　帮助菜单

STEP7-Micro/WIN SMART 软件虽然界面友好，易于使用，但在使用过程中遇到问题也是难免的。STEP7-Micro/WIN SMART 软件提供了详尽的帮助。选择菜单栏中的“帮助”→“帮助信息”命令，可以打开图 2.45 所示的“帮助”对话框。其中有三个选项卡，分别是“目录”“索引”和“搜索”。“目录”选项卡中显示的是 STEP7-Micro/WIN SMART 软件的帮助主题，单击帮助主题可以查看详细内容。而在“索引”选项卡中，可以根据关键字查询帮助主题。此外，单击计算机键盘上的“F1”功能键，也可以打开在线帮助。

图 2.45　帮助

第3章 EasyBuilder Pro 软件介绍

3.1 HMI 的概念和功能

人机界面（Human Machine Interface，HMI）是操作人员与机器设备之间双向沟通的桥梁。HMI 可连接 PLC 可编程控制器、变频器、仪表等工业控制器件，利用液晶显示机器设备的状态，通过触摸设置工作参数或输入操作命令，实现人与机器信息交互。

人机界面产品由硬件和软件两部分组成，硬件部分包括 CPU 处理器、LCD 显示单元、触摸板（Touch Panel）、通信接口（Ethernet/Serial Ports）、数据存储单元等（见图 3.1），其中 CPU 处理器的性能决定了 HMI 产品的性能高低，是 HMI 的核心单元。HMI 软件分为两部分，即运行于 HMI 硬件中的 OS 系统软件和运行于 PC 机 Windows 操作系统下的画面组态软件。不同公司的触摸屏需要不同的画面组态软件进行编程，如威纶通触摸屏需要 EasyBuilder 组态软件或者西门子公司的 SMART LINE 触摸屏采用 WinCC_flexible_SMART_V3 编程软件。

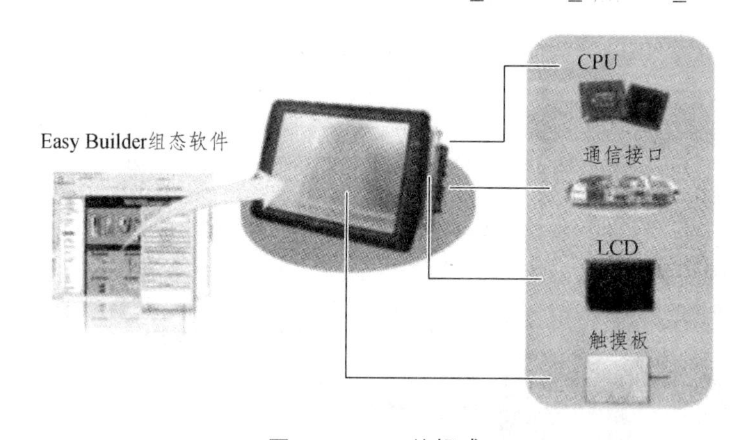

图 3.1　HMI 的组成

使用触摸屏时，需要在计算机上使用 EasyBuilder 等组态软件制作“工程文件”，再通过计算机和 HMI 产品的通信口，把编制好的“Project 工程文件”下载到 HMI 中运行。

本试验台上安装的是台湾威纶通公司的 TK8071iP 触摸屏，因此本章主要介绍台湾威纶科技公司的人机界面组态软件 EasyBuilder Pro，适用于威纶通公司生产 HMI。目前 EasyBuilder Pro 已经整合了几乎所有的系列的威纶通触摸屏（包括 IE 系列、IER 系列、eMT 系列、cMT 系列以及 TK 系列产品）。威纶通公司网站 http://www.weinview.cn 可下载所有可用软件语言版本及最新软件更新信息。其他公司的组态软件，其编程思路也差不多。在掌握 EasyBuilder Pro 后，举一反三，同样能够完成其他组态软件的使用。

3.2　安装 EasyBuilder Pro

1. 对计算机和操作系统的要求

· CPU：INTEL Pentium Ⅱ以上等级。
· 内存：256 MB 以上。
· 硬盘：2.5 GB 以上，最少 500 MB 空间。
· 显示器：分辨率 1 024×768 以上彩色显示器。
· 网络卡：[工程下载]/[工程上传]时使用。
· USB2.0：[工程下载]/[工程上传]时使用。
· 操作系统：Windows XP SP3 / Window Vista / Window 7\8。

2. 安装软件

EasyBuilder Pro 编程软件的安装步骤如下。

（1）解压缩后，双击“steup.exe”，显示如图 3.2 所示界面，选择“中文（简体）”，点击“确定”。

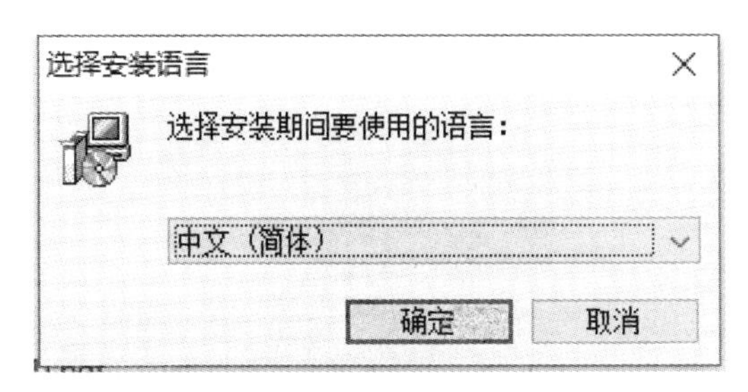

图 3.2　选择语言

（2）进入安装向导，点击“下一步”，如图 3.3 和图 3.4 所示。

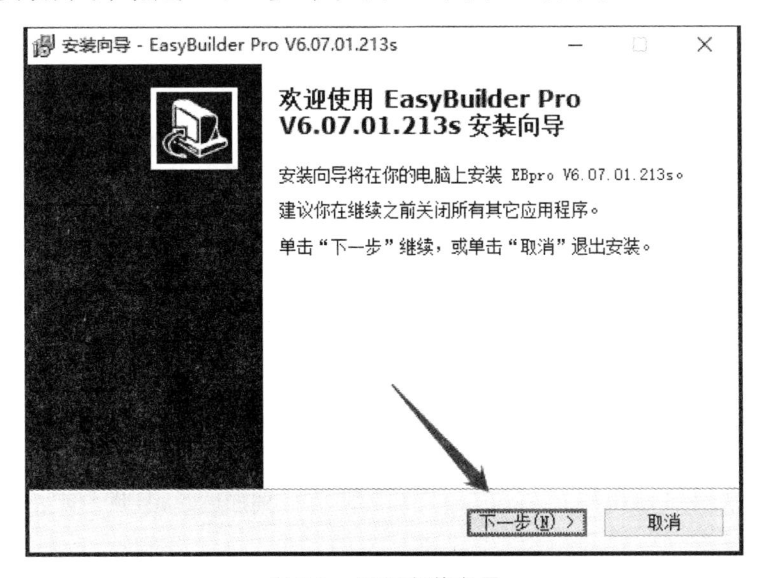

图 3.3　运行安装向导

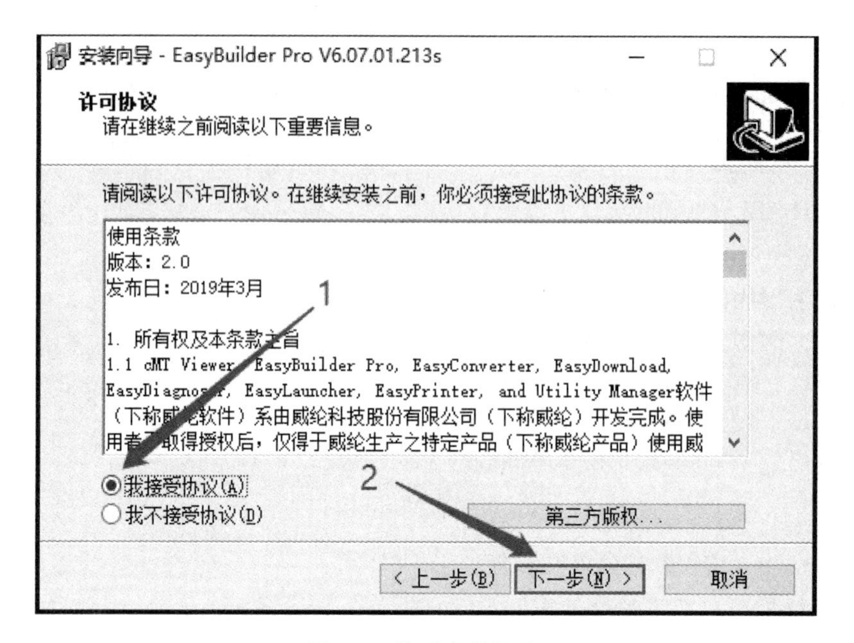

图 3.4　接受安装协议

（3）选择安装目录。如果要改变安装目录则单击“浏览”，选定想要安装的目录即可，如果不想改变目录，则单击“下一步”按钮，程序开始安装，如图 3.5 所示。

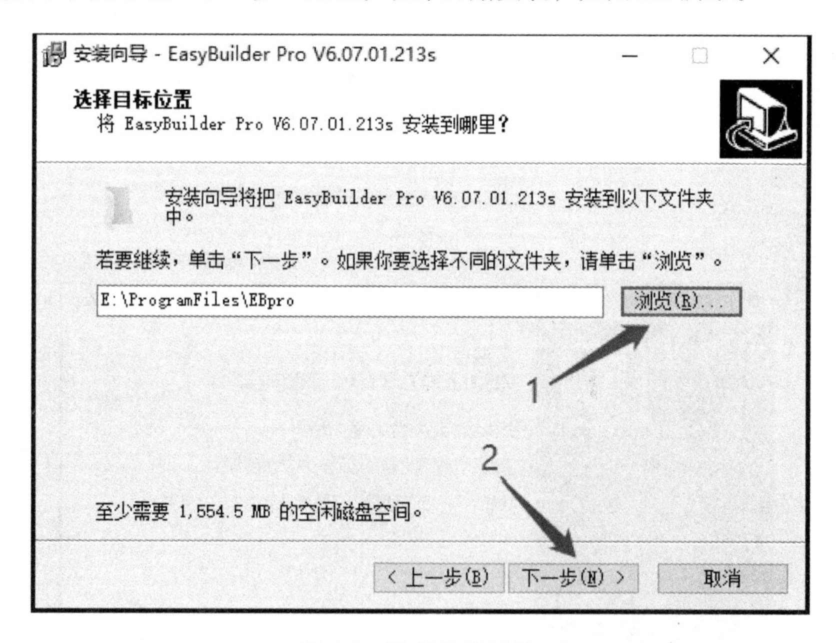

图 3.5　选择安装目录

（4）按照安装向导指引，依次单击“下一步”，则安装向导依次在开始菜单文件夹中创建程序快捷方式、创建桌面快捷方式、开始安装程序，分别如图 3.6 ~ 图 3.9 所示。

（5）当软件安装结束时，弹出如图 3.10 所示的界面，单击“完成”按钮，所有安装完成。

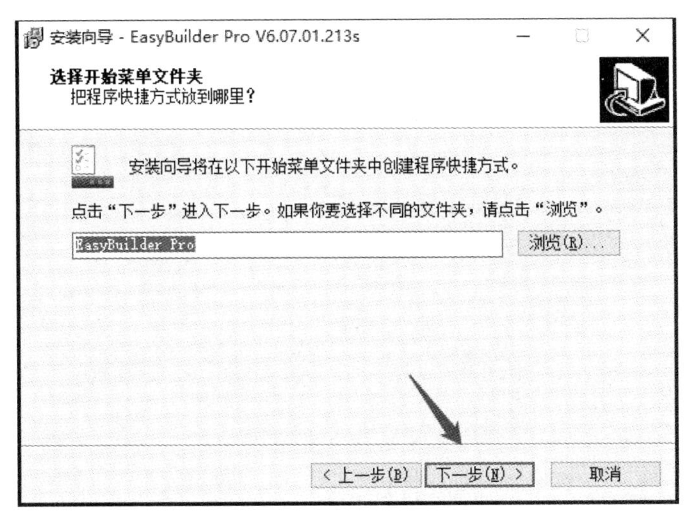

图 3.6 在开始菜单中创建快捷方式

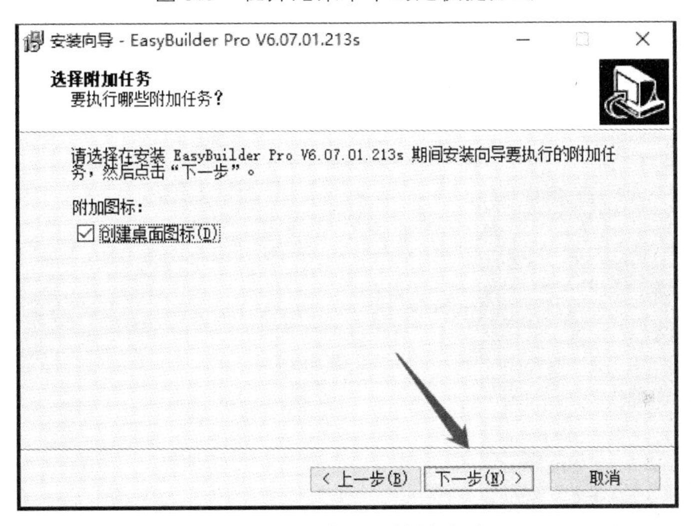

图 3.7 创建桌面快捷方式

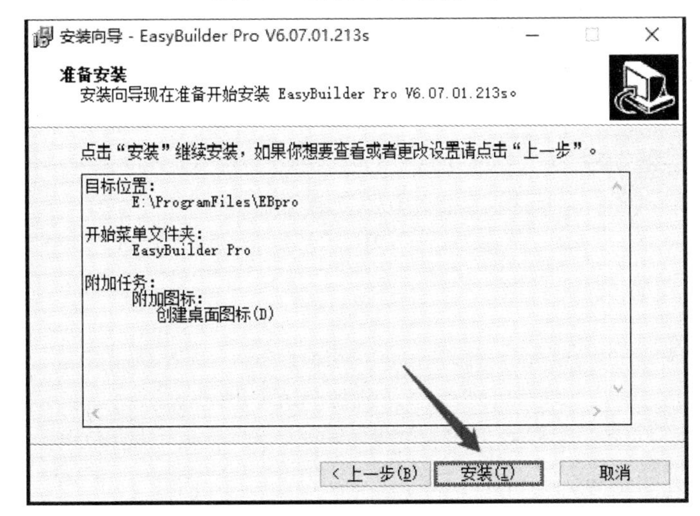

图 3.8 开始安装

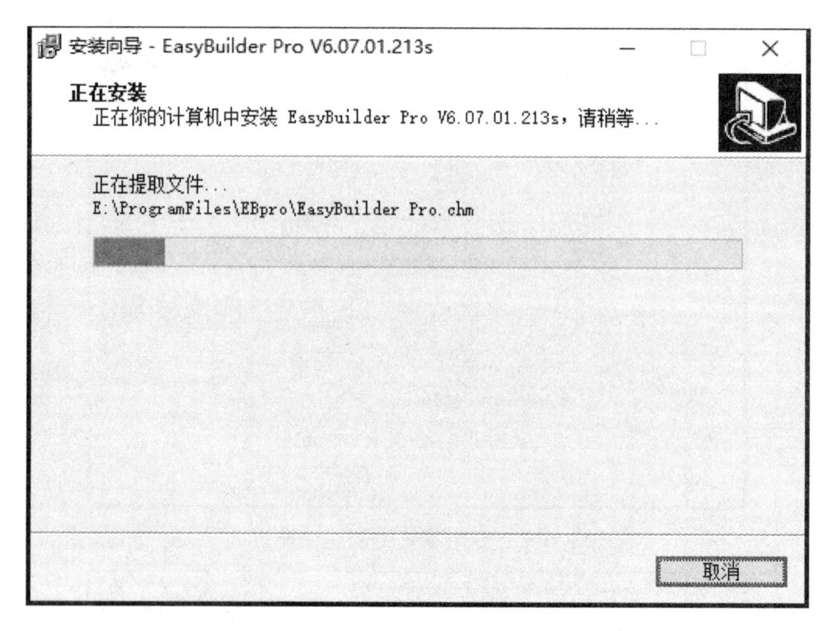

图 3.9　正在安装

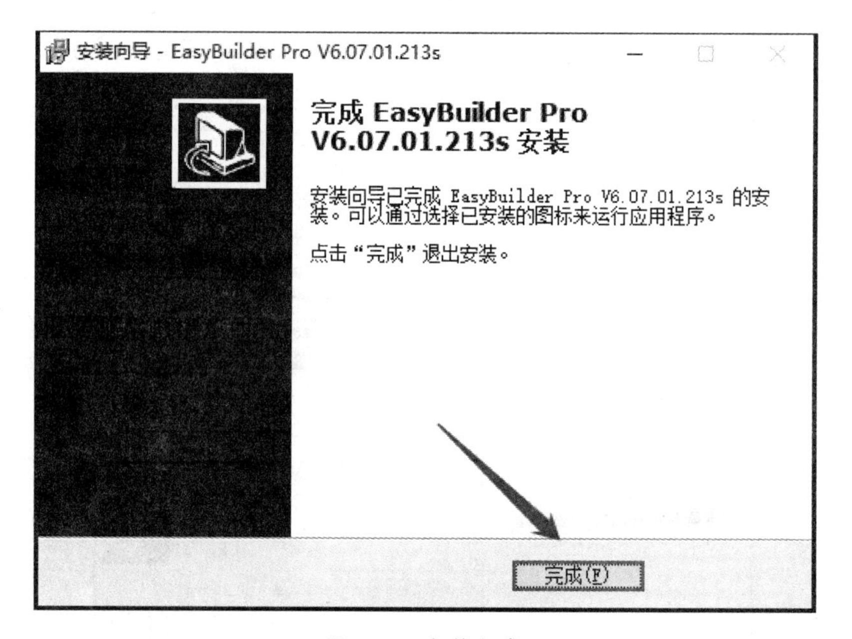

图 3.10　安装完成

3.3　软件界面介绍

选择开始→程序→EasyBuilder Pro→EasyBuilder Pro（或者运行桌面图标 Utility Manager 后，单击 EasyBuilder Pro），即可启动程序。软件界面如图 3.11 所示。

窗口是 EasyBuilder Pro 编辑软件里最重要的元素之一。所有需要显示在 HMI 上的各种元件、图形、文字等必须透过窗口才能呈现。EasyBuilder Pro 内建 1997 个窗口，其范围为窗口 3 至窗口 1999。从目录树中可以打开不同的窗口进行查看，如图 3.12 所示。依照功能与使用方式的不同，可将窗口分为四种类型：基本窗口、快选窗口、公共窗口、系统信息窗口。右键窗口号点击新增可以创建一个新的基本窗口。

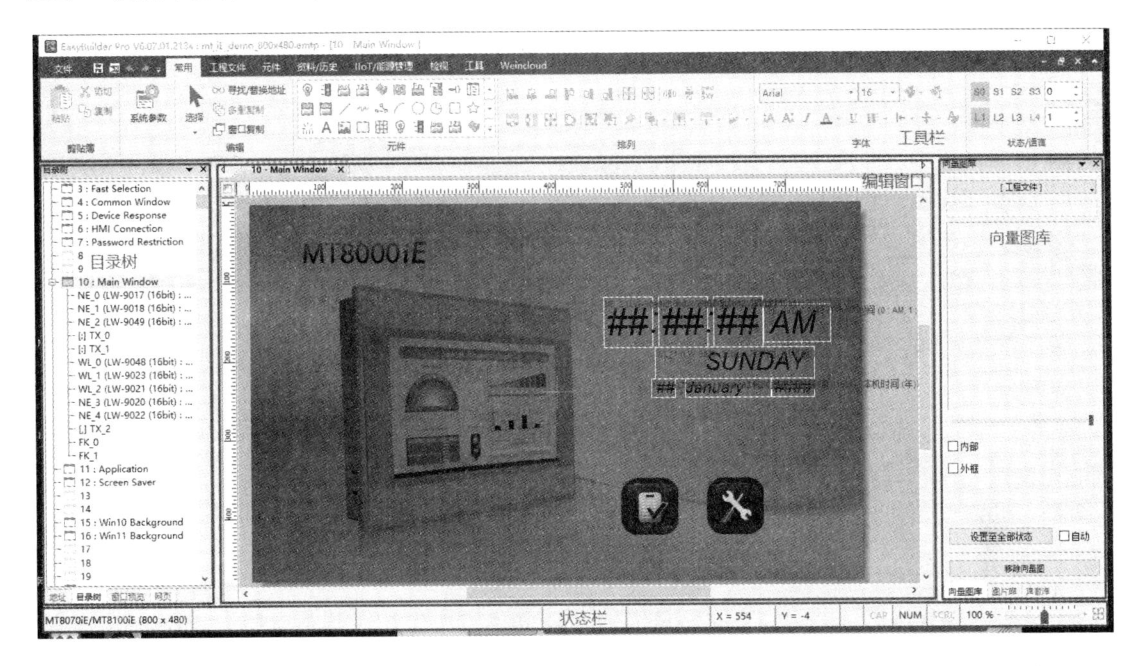

图 3.11　EB Pro 界面

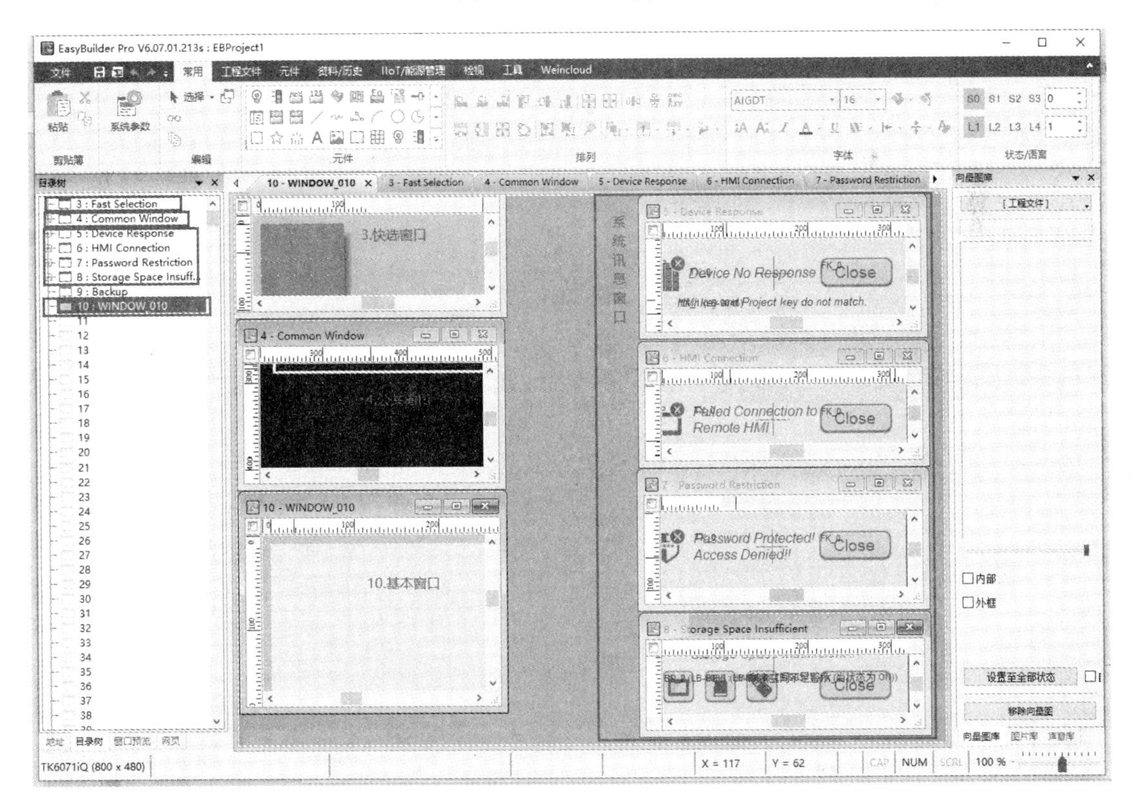

图 3.12　窗口界面

1. 基本窗口

基本窗口是最常用的窗口类型，除了可当作主画面的用途之外，也被用在：

· 底层画面，可提供其他窗口作为背景画面。

· 键盘窗口。

· 功能键元件所选用的弹出窗口。

· 间接窗口与直接窗口元件所选用的弹出窗口。

· 屏幕保护窗口画面。

注意： 由于基本窗口的尺寸大小必须与 HMI 显示屏幕相同，所以其分辨率设置也必须与所使用的 HMI 分辨率一致。

2. 快选窗口

3 号窗口为默认的快选窗口，此种窗口可以与基本窗口同时存在，一般被用在放置常用的工作按钮，位置为画面的左下角或右下角。要使用快选窗口除了需先建立 3 号窗口外，需再设置快选窗口按钮的各项属性，快选窗口按钮的各项设置在“系统参数设置”→“一般属性”页面中。可以使用快选窗口按钮来切换快选窗口的显示与隐藏。

3. 公共窗口

4 号窗口为默认的公共窗口，此窗口中的元件也会出现在其他基本窗口中，但不包含弹出窗口，因此通常会将各窗口共享的元件放置在公共窗口中。

HMI 上的程序运行时，可以使用功能键元件的[切换公共窗口]模式，在线更改公共窗口的来源。

在“文件”→“偏好设置”→“显示”中可设置当编辑程序时，公共窗口上的元件是否会被显示于基本窗口，如图 3.13 所示。有了此预览功能，可避免当编辑程序时，将基本窗口的元件重叠到公共窗口的元件。

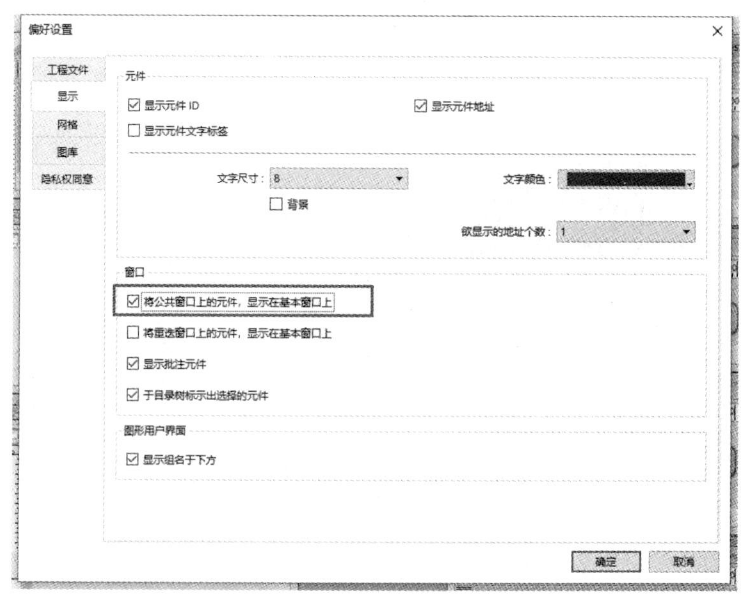

图 3.13　公共窗口偏好设置

4. 系统信息窗口

5、6、7、8 号窗口为默认的系统提示信息窗口：

（1）5 号窗口为 Device Response 窗口。

当 HMI 与设备通信中断时，系统将自动弹出“Device No Response”的警告窗口（见图 3.14）。可使用系统寄存器所提供的相关地址来禁止弹出此窗口。

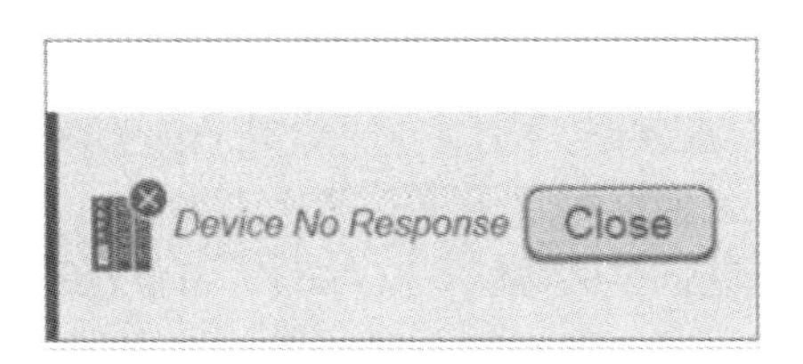

图 3.14　“设备无响应”警告窗口

（2）6 号窗口为 HMI Connection 窗口。

当本地 HMI 无法连接到远程的 HMI 时，系统将自动弹出“Failed Connection to Remote HMI”的警告窗口（见图 3.15）。

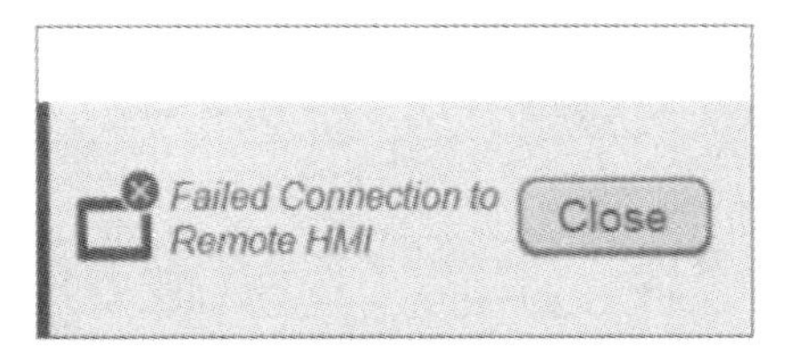

图 3.15　“连接远程 HMI 失败”警告窗口

（3）7 号窗口为 Password Restriction 窗口。

当用户无权限操作某元件时，可依设置决定是否弹出“Password Protected! Access Denied!!”的警告窗口（见图 3.16）。

图 3.16　“密码保护，不能获取”警告窗口

（4）8 号窗口为 Storage Space Insufficient 窗口。

当 HMI 内存、U 盘或 SD 卡上的可用空间不足以保存新的数据时（当系统侦测到内存剩 4 MB 以下），系统将自动弹出“Storage Space Insufficient!!”的警告窗口（见图 3.17）。

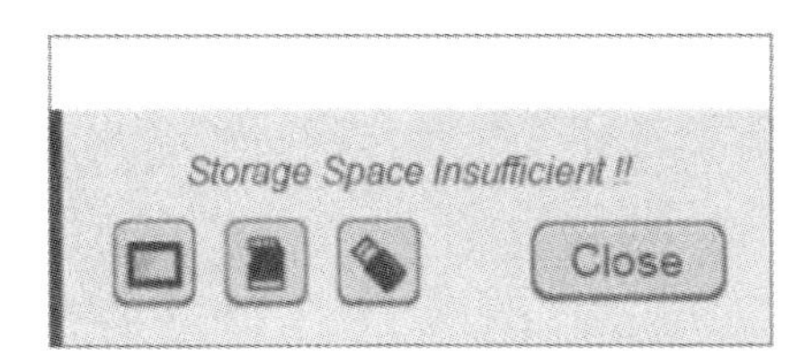

图 3.17　“存储空间不足”警告窗口

3.4 HMI 与 PLC 的通信

能够与 HMI 进行通信的目标设备包括：PLC、变频器、伺服控制器、运动控制卡、温控器、称重仪等各种带有通信接口的设备。

通信接口分为串口（RS232、RS485 2W 两线制、RS485 4W 四线制）、现场总线 CANBUS、以太网、USB 口等多种形式。

通信协议包括 PPI、MPI、MODBUS 等，目前 EB Pro 中已经内置了约 300 种通信协议，支持成千上万种 PLC、变频器、伺服、仪表等控制器类型。

除了同一品牌的控制器会采用同样的协议，不同品牌不同设备之间也可采用不同的通信协议，如欧姆龙和 TRIO 控制器都可使用 Hostlink 协议，如大部分变频器、仪表都支持 MODBUS 协议。

接口、协议、软件三者关系如图 3.18 所示。其中，接口如同是各种公路，从低速的串口到高速的以太网；协议好比是交通规则，海内外各个地方有异同；软件好比是交通工具，运行在公路上（通过响应接口通信），遵循与交通规则（支持各异的通信协议），到达不同的目的地（实现不同的控制功能）

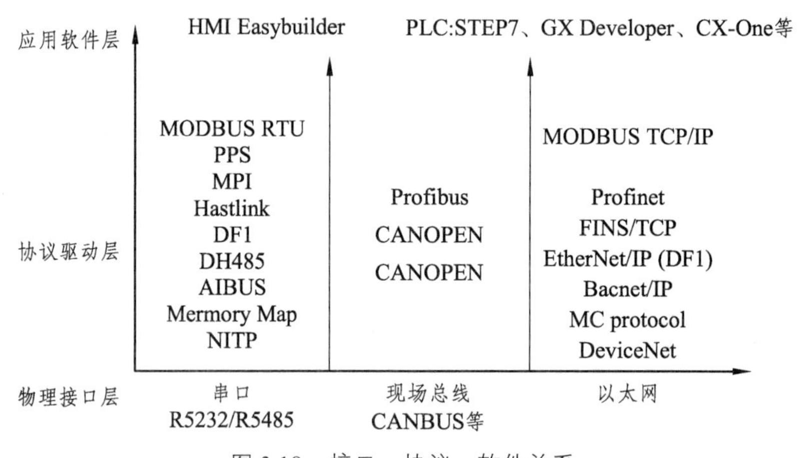

图 3.18　接口、协议、软件关系

1. 威纶通触摸屏串行接口定义

以 TK8071iP 为例，它有一个串口插座。根据针脚定义可以分为两组串口，分别为 COM1[RS232]和 COM2[RS485 2W/4W]，针脚定义如图 3.19 所示。

Pin#	COM 1 [RS-232]	COM 2 [RS-485] 2W	COM 2 [RS-485] 4W
1		Data-	Rx-
2		Data+	Rx+
3			Tx-
4			Tx+
5		GND	
6	TxD		
7	RTS		
8	CTS		
9	RxD		

图 3.19　TK8071iP 引脚定义

2. PLC 串口引脚定义

以西门子 S7 200 SMART PLC 串口为例，其默认参数：波特率 9600，偶校验，数据位 8 位，停止位 1 位，站号 2，接口类型 RS-485 2W，引脚定义如图 3.20 所示。

图 3.20　西门子 S7-200 SMART PLC 串口引脚定义

3.5　建立简单的工程文件

以与西门子 S7-200 SMART PLC 为 HMI 的通信设备为例，建立一个工程文件的基本步骤如下：

（1）进入 EB Pro 并打开新文件。

（2）选择“机型”，并勾选“使用模板”，使用模板会自动产生一个具有常用窗口结构的工程文件，然后选择触摸屏放置方向为水平，最后点击“确定”，即生成一个新的工程文件，如图 3.21 所示。

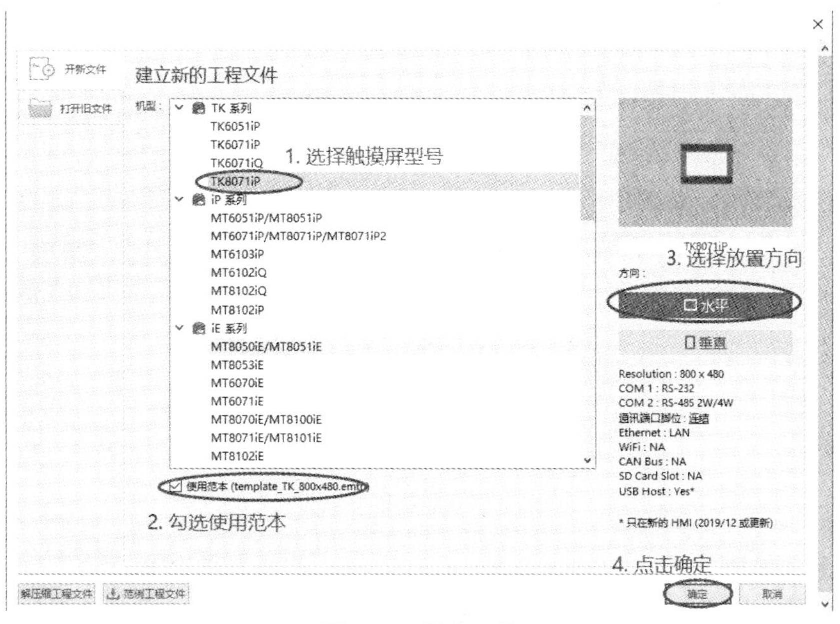

图 3.21　创建工程

（3）工程文件生成后，会自动弹出系统参数设置，请在设备列表中选择需要添加的设备类型。点击“新增设备/服务器”，即弹出“设备属性”对话框。在“设备属性”对话框中选择所在位置为本机，表示当前设备受“本机”HMI 设备控制。点击设备类型右侧箭头选择“Siemens”→“S7-200 SMART PPI”。选择接口类型为 RS-485 2W，由于威纶通 TK8071iP 的 COM1 为 RS232 端口，而 COM2 为 RS485 2W 端口，故在“COM”一栏右侧点击“设置”，选择 COM2 通信端口，如图 3.22 所示。

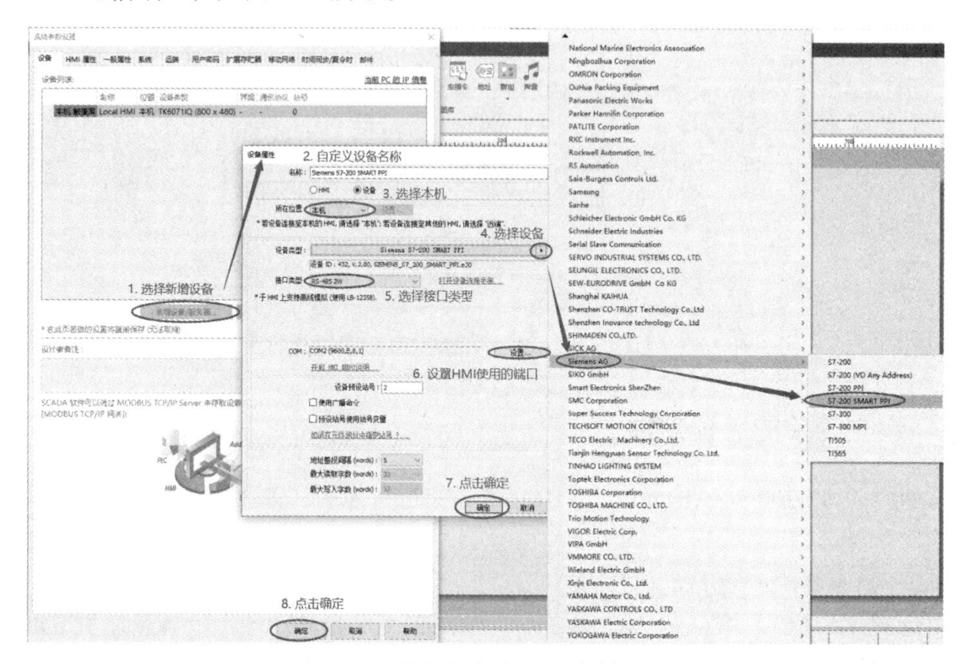

图 3.22　添加设备及系统参数设置

（4）完成上述步骤后，即完成工程文件的新建。

3.6　组态简单的 HMI 界面

这里以创建一个简单的启停控制为例，说明如何建立 HMI 控制界面，这里不与 PLC 实现通信，仅仅演示 HMI 本机的逻辑控制。要实现的功能为：在 HMI 上设计一个起动按钮，一个停止按钮，一个指示灯（见图 3.23）。按下启动按钮，指示灯亮；按下停止按钮，指示灯灭。先进行离线模拟，调试好后下载到触摸屏进行操作。

图 3.23　启停控制界面

（1）首先在新建工程文件的“目录树”中，选择“WINDOW_010”基本窗口，点击工具栏上方“”按钮，弹出“位控制指示灯参数设置”对话框，首先添加描述为“指示灯”，然后在设备列表中选择“Local HMI”，地址为“LB0”，点击“确定”，即可放置一个指示灯元件，如图 3.24 所示。

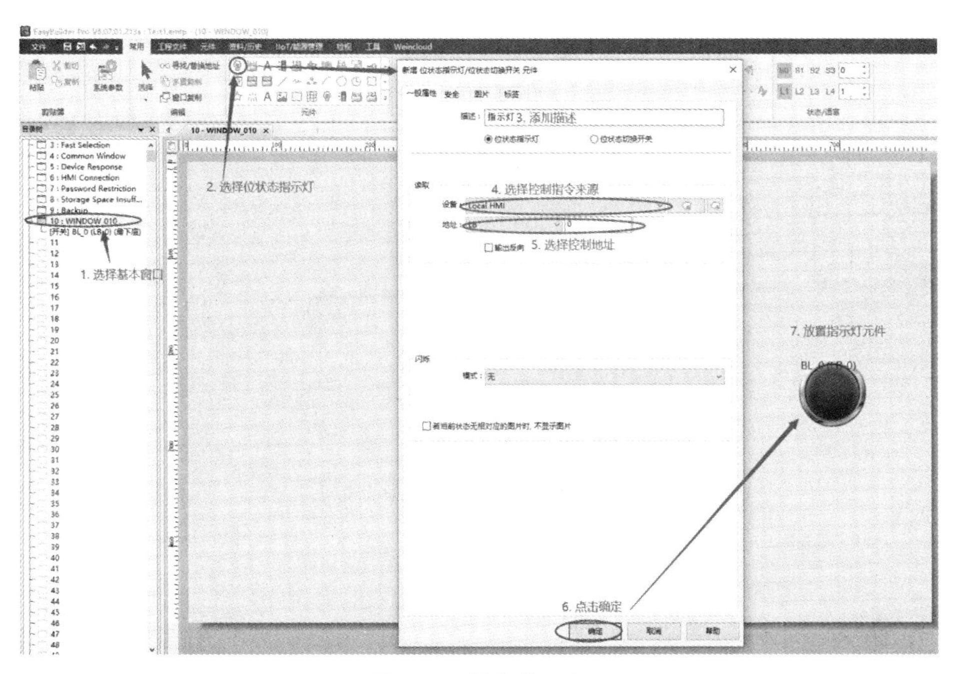

图 3.24　添加指示灯

（2）同样选择基本窗口，点击上方工具栏中“位状态设置”，进入设置页面，首先设置“描述”为“启动开关”，“设备”选择为“Local HMI”，地址同样为“LB”“0”，在“属性”一栏中选择“设为 ON”，如图 3.25 所示。

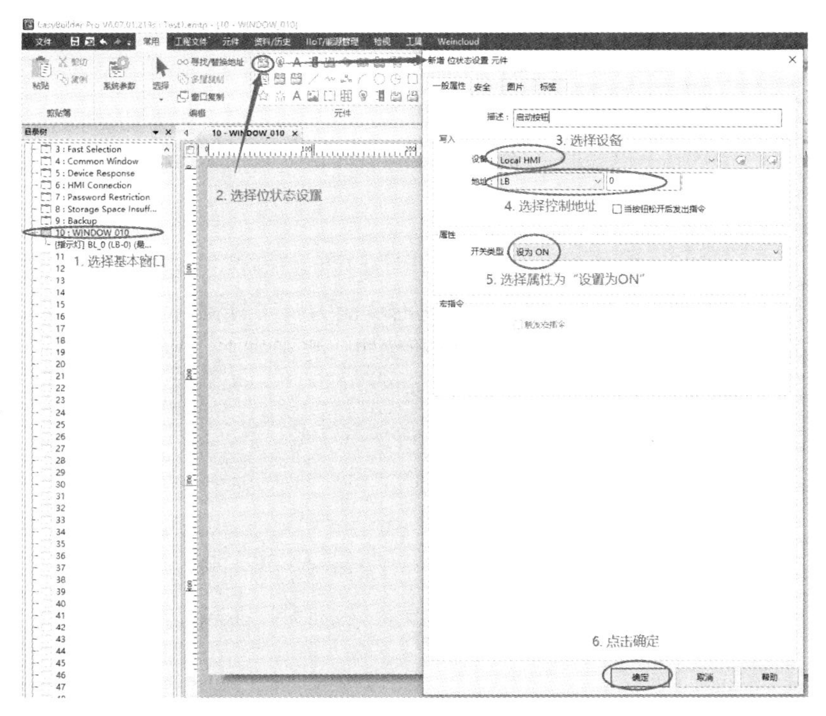

图 3.25　插入按钮

接着设置按钮样式和颜色。点击设置页面上方“图片”，点击“图库”进入图库选择页面，在下拉菜单中可以选择不同的图库。对于按钮元件，分为按下和抬起两种状态，分别对应状态 0 和 1，通过点击“图片”页签下的“0”和“1”按钮，接着可以分别为状态“0”和“1”选择相应的颜色，这里设置启动按钮为绿色，按下后颜色为浅绿，如图 3.26 所示。

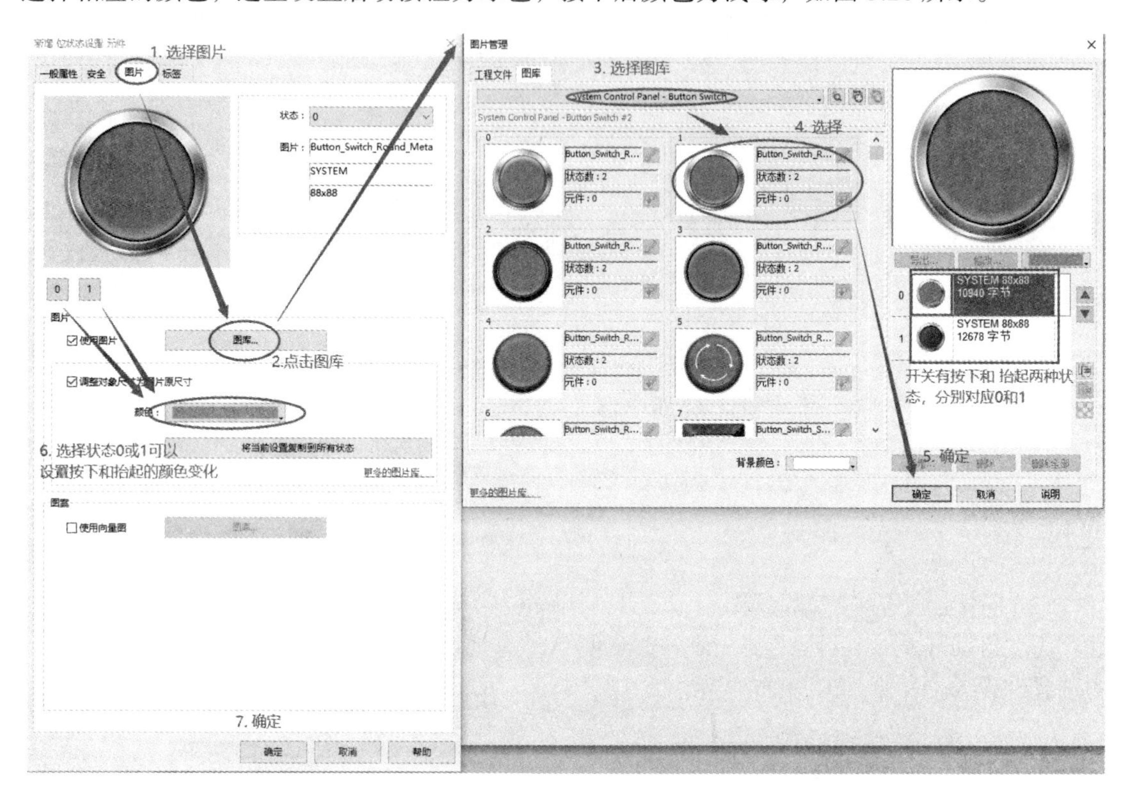

图 3.26　设置按钮颜色

（3）用同样方法添加停止按钮，并设置颜色为红色，按下后浅红色。完成后，界面如图 3.27 所示。

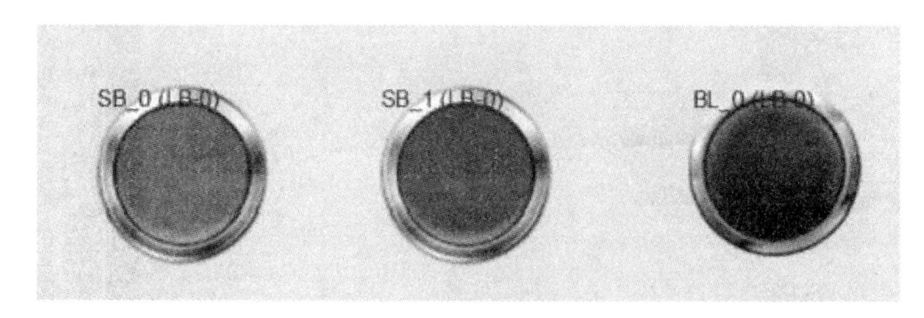

图 3.27　按钮添加完成

（4）为元件添加文字说明，如图 3.28 所示，完成后如图 3.29 所示。

（5）在工具栏上，点击“文件”→“保存文件”，生成“.emtp”文件。在工具栏上，点击“工程文件”→“编译”将文件编译为“.exob”文件，如图 3.30 所示。编译成功后显示如图 3.31 所示界面。

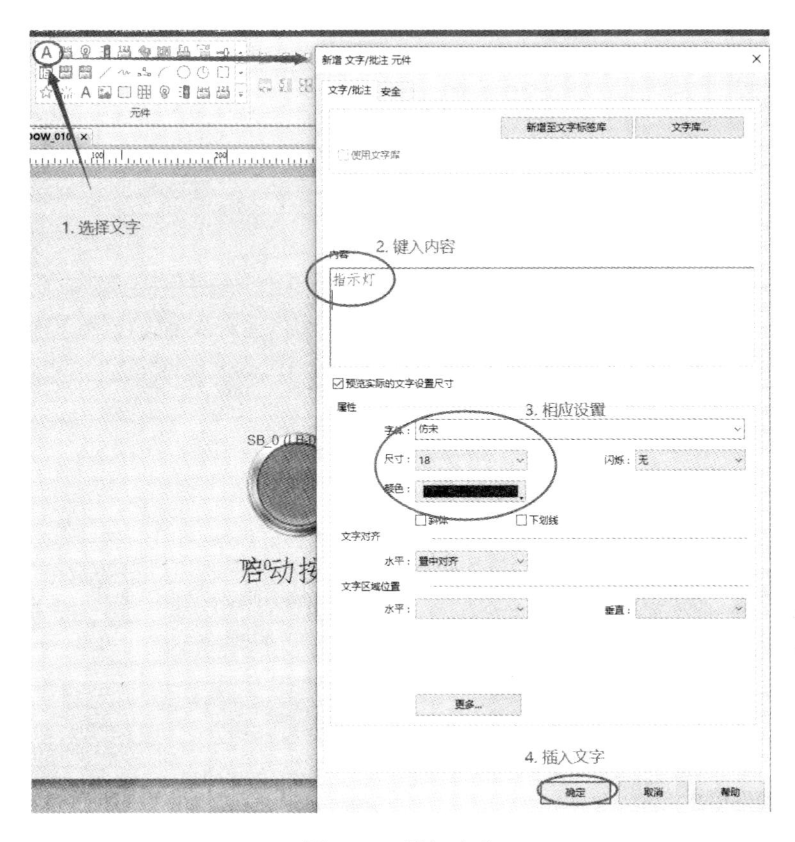

图 3.28 添加文字

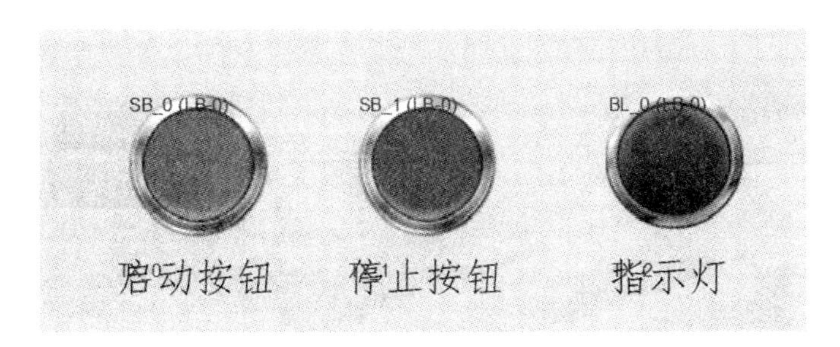

图 3.29 添加文字完成

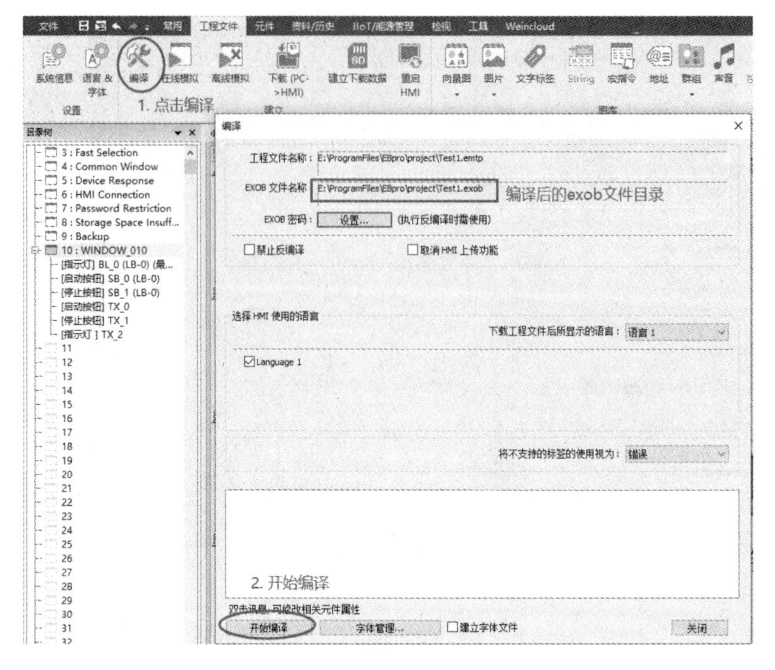

图 3.30　编译

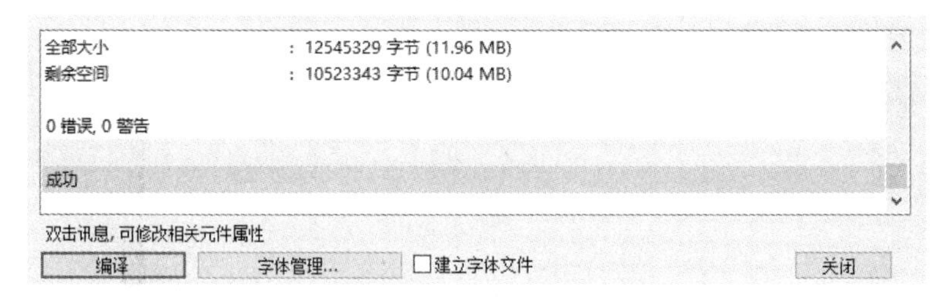

图 3.31　编译成功

（6）此时，点击工具栏“离线模拟”按钮，即可进入离线模拟模式，该模式可模拟 HMI 界面在触摸屏上的运行，点击相应按钮，指示灯会响应亮、灭，如图 3.32 所示。

3.7　下载文件至 HMI

共有四种方式将编译好的“.exob”工程文件下载至 HMI，其中以太网下载有两种方式，其余两种分别为通过 USB 下载线以及使用 U 盘下载。

1. 指定 HMI IP 地址的以太网下载

（1）在 EasyBuilder Pro 的工具栏上，点击“工程文件”→“下载”。请先确认所有设置是否正确。

（2）选择“以太网络”，设置“密码”并指定“HMI IP”，如图 3.33 所示。

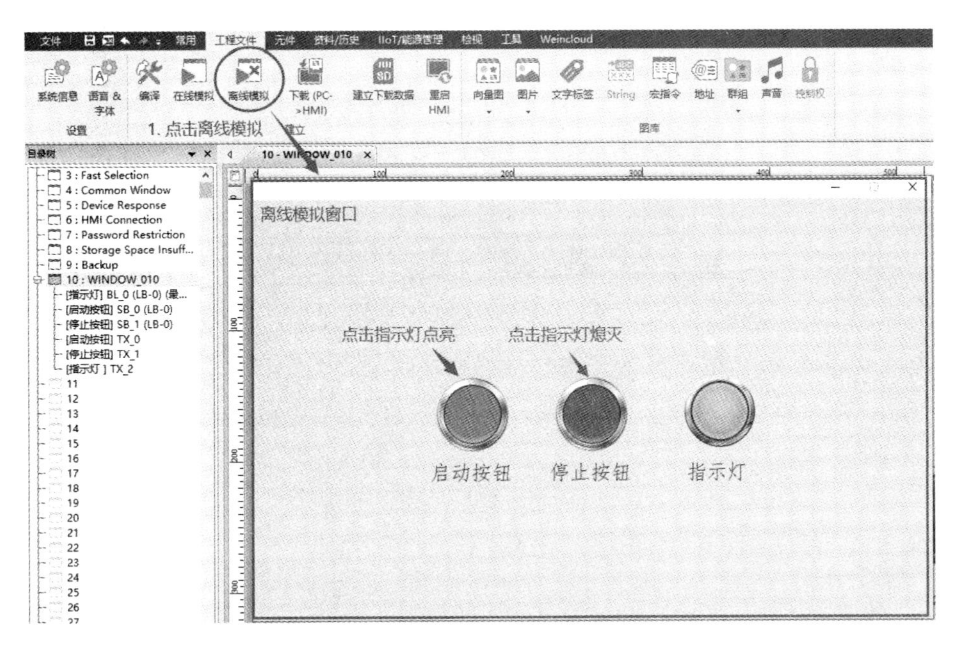

图 3.32　离线模拟

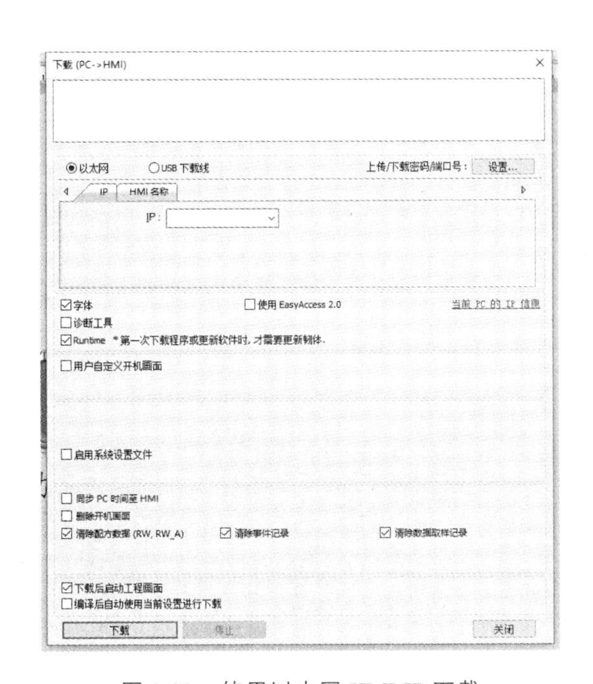

图 3.33　使用以太网 HMI IP 下载

注意：需要保证触摸屏 IP 和计算机 IP 在同一个网段才能进行下载，即 IP 地址前面 9 位数必须相同，否则无法搜索到触摸屏！在触摸屏设置页面可以对触摸屏 IP 地址进行修改，如图 3.34 所示。

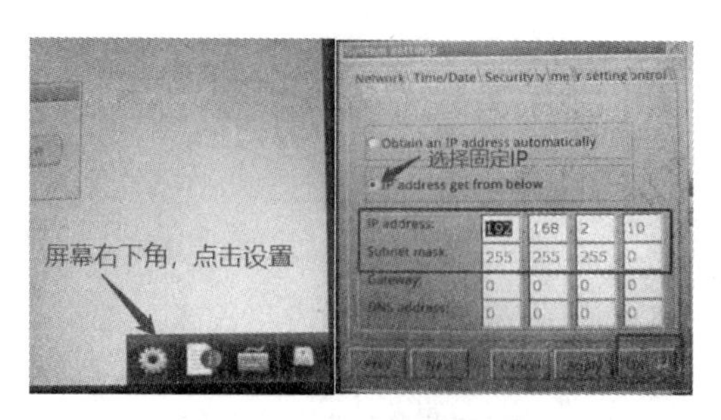

图 3.34　设置触摸屏 IP

2. 使用以太网 HMI 名称方式下载

（1）在 HMI 上的 System setting 先设置 HMI name，如图 3.35 所示。

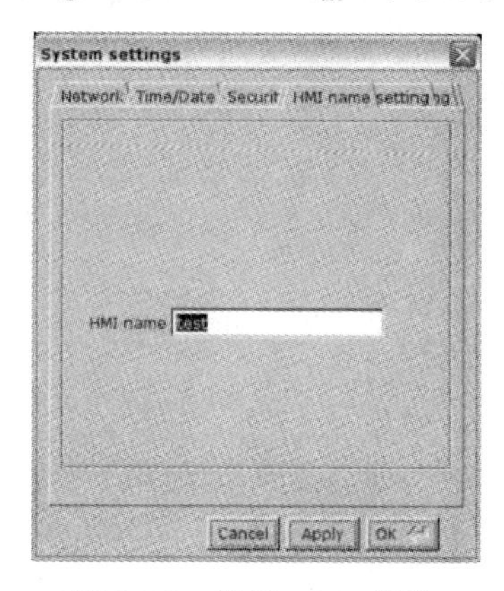

图 3.35　设置 HMI 名称

（2）在计算机上，选择先前设置的 HMI 名称并开始下载，如图 3.36 所示。若使用“搜寻”，请在“HMI 名称”中输入要搜寻的特定 HMI 名称。若使用“搜寻全部”，则搜寻同网域内的所有 HMI。

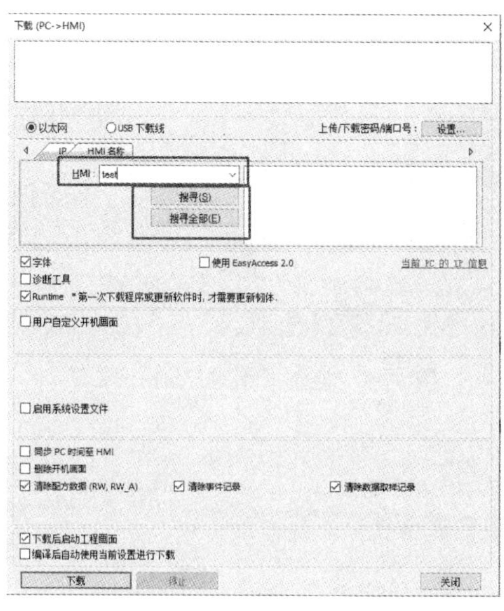

图 3.36　使用以太网 HMI 名称下载

3. 使用 USB 下载线

如图 3.37 所示选择 USB 下载线方式。使用 USB 线传输程序前，可至“计算机管理”→“设备管理器”确认 USB 驱动已经成功安装，否则计算机无法识别 USB 设备。

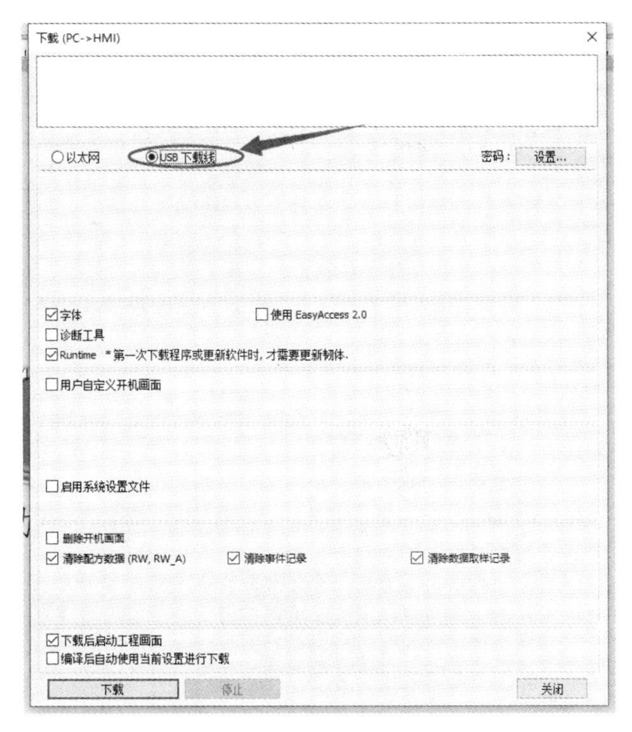

图 3.37　选择 USB 下载线方式

下载时各项设置含义如表 3.1 所示。

表 3.1　各项设置含义

设置	描述
字体文件	将工程文件中选用的字体下载至 HMI
Runtime	勾选此选项表示要更新 HMI 上的所有核心程序。第一次下载工程文件或更新 EB Pro 版本并下载文件至 HMI 时，一定要下载此韧体
EasyAccess 2.0	下载 EasyAccess 2.0 的驱动程序至 HMII。仅下载 EasyAccess 2.0 的驱动程序至 HMI
用户自定义开机画面	将指定的 bmp 图档下载至 HM 作为启动时的开机画面
启用系统配置文件	启用系统配置文件
同步 PC 时间至 HMI	下载工程文件时，将 HMI 的时间与计算机同步
删除现存的用户账号、邮件联系人和 SMTP 设置	此选项如被勾选，下载程序前会先清除 HMI 上现有的用户账号、邮件联系人和 SMTP 设置。此选项在“系统参数设置”→“进阶安全”启用“在 HMI 上使用现有的用户账号”或在“邮件”启用“在 HMI 上使用现有的联系人设置”时，才会有效

续表

设置	描述
清除配方数据|事件记录/资料取样记录/配方数据库/操作记录/字符串表/删除开机画面	选项如被勾选，下载程序前会先清除机器上所选取存在的文件
下载后启动程序画面	此选项如被勾选，下载程序完成后会自动重新启动 HMI
编译后自动使用当前设置下载	如果勾选此项，下一次只要点选“下载”，EB Pro 将自动编译程序并下载到上次下载的目标 HMI

4. 使用 U 盘/SD 卡下载

（1）在 EB Pro 的工具栏上，点选“工程文件”→“建立使用在 U 盘与 SD 卡所需的下载资料”。浏览欲下载的工程文件后点选“建立”，将该数据建立于外部装置，如图 3.38 所示。

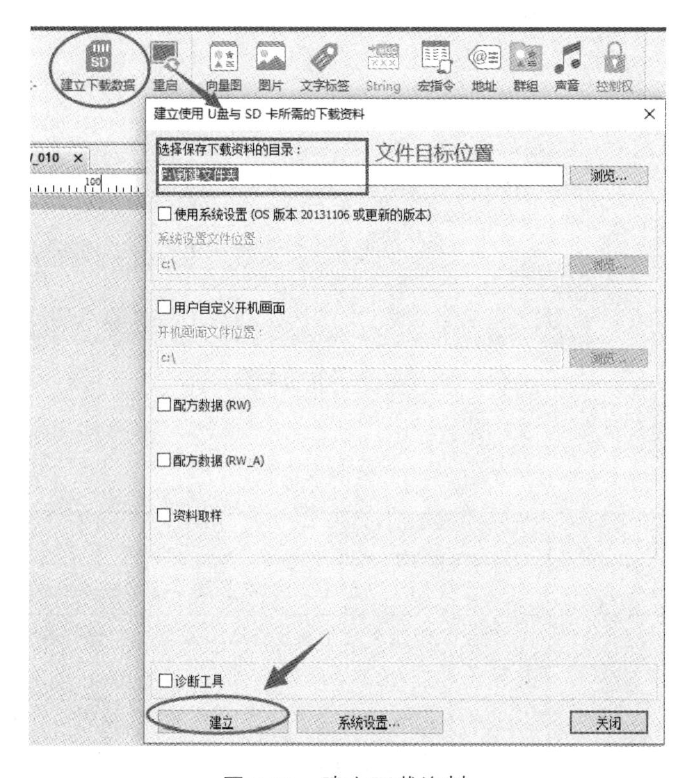

图 3.38　建立下载资料

（2）将 U 盘或 SD 卡插入至 HMI。

（3）在 HMI 上选择“Download”，输入密码，如图 3.39 所示。

（4）密码确认后会显示外部装置下的目录名称，如图 3.40 所示。（pccard：SD 卡；usbdisk：U 盘）

（5）选择工程文件的存放路径，点击“OK”开始下载。此时下载文件时必须选择存放下载数据的上一层路径，以图 3.40 为例，必须选择 disk_a_1 而非 mt8000ie。

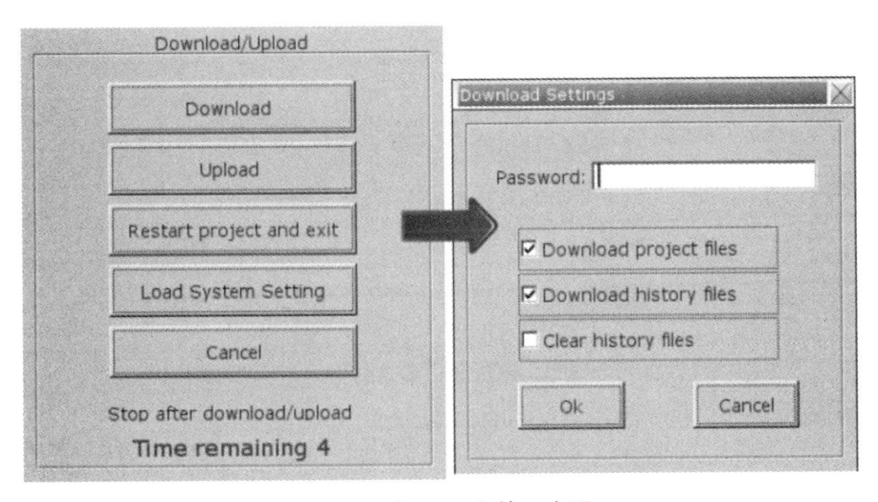

图 3.39　在 HMI 上输入密码

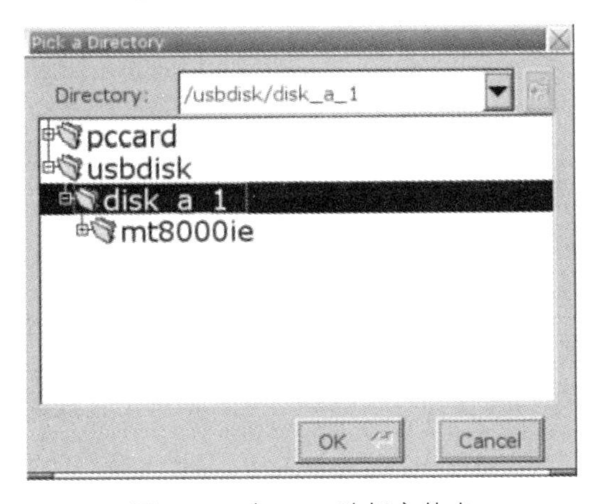

图 3.40　在 HMI 选择文件夹

本实验台使用以太网线下载方式，将 3.6 节建立的 HMI 界面下载至触摸屏中，如图 3.41 所示。

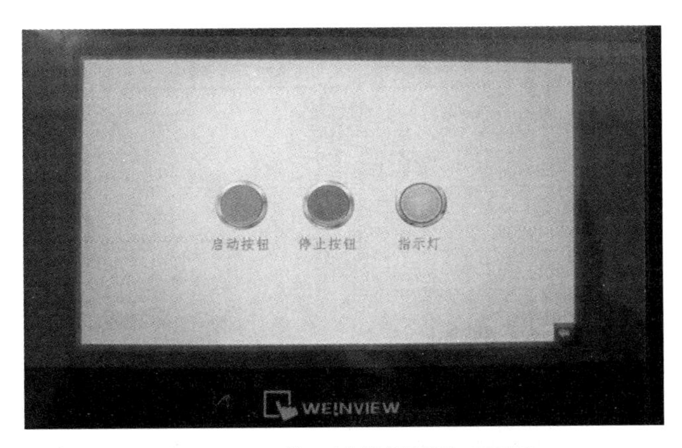

图 3.41　下载至触摸屏后显示画面

第4章　综合实验

4.1　数字量输入输出控制

1. 实验目的

（1）熟悉 STEP7 编程环境，掌握编程过程。

（2）熟悉实验台组成，熟悉 PLC 功能指令，完成一个简单的 PLC 控制。

2. 实验器材

（1）PLC 一台。

（2）24 V DC 电源。

（3）按钮 2 个；指示灯 3 个。

（4）编程线缆 1 根，导线若干。

3. 实验内容

模拟交通灯控制程序。

当按下启动按钮时，首先绿灯亮 4 s，闪烁 2 s 后灭；黄灯亮 2 s 后灭；红灯亮 8 s 后灭；绿灯亮 4 s，如此循环。按下停止按钮时，循环终止。请画出接线图，并编写 PLC 控制程序。

4. 实验步骤

（1）首先根据题意画出东西和南北方向 3 种颜色灯亮灭的时序图（见图 4.1），再进行 I/O 分配。

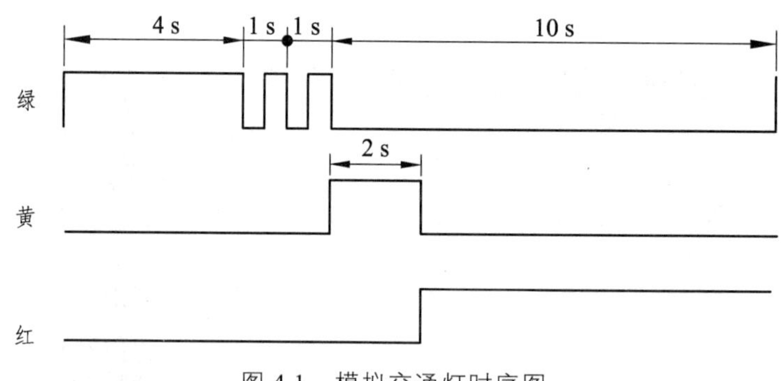

图 4.1　模拟交通灯时序图

（2）I/O 分配。

根据题意，需要两个按钮元件，3 个不同颜色的指示灯，确定它们在 PLC 上的输入和输出控制端口，如表 4.1 所示。

表 4.1　PLC I/O 分配

输入			输出	
启动	SB1	I0.0	绿灯	Q0.0
停止	SB2	I0.1	黄灯	Q0.1
			红灯	Q0.2

（3）确定接线图。

按照 I/O 端口分配，按照图 4.2 完成 PLC 电源连接。将启动按钮 SB1、停止按钮 SB2 连接到 PLC 的 I0.0、I0.1 端口；将 3 个输出指示灯分别连接到 Q0.0、Q0.1、Q0.2 上。PLC 电源 L+连接到 24 V DC 电源正极，M 接 24 V DC 电源负极。

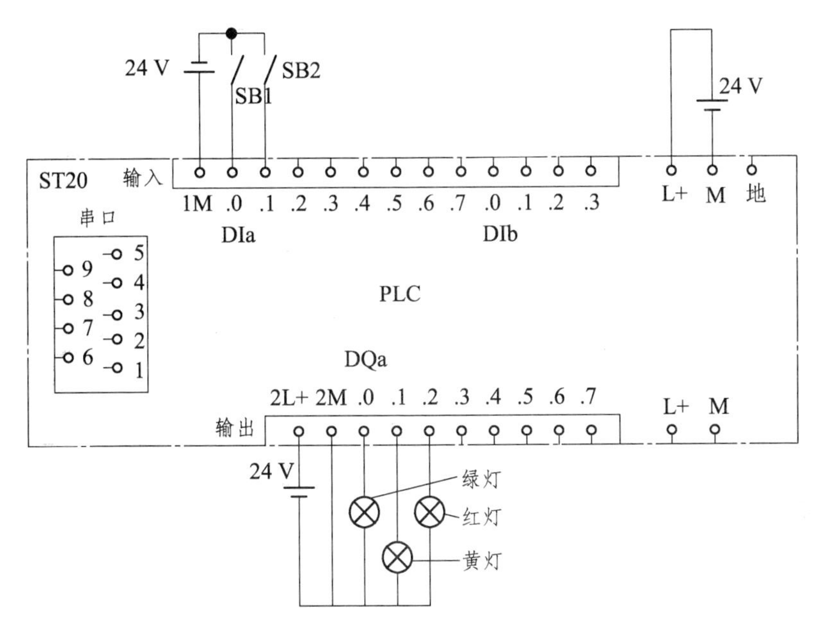

图 4.2　信号灯控制接线图

（4）在 STEP 7 中编写程序。

模拟信号灯 PLC 程序如图 4.3 ~ 图 4.5 所示，程序段 1 中控制绿灯的亮、灭以及闪烁，程序段 2 中控制黄灯亮灭，程序段 3 中控制红灯亮灭；程序使用了 3 个定时器 T37、T38、T39，分别为 0.1 s、2 s、4 s 定时时间。在每一步中都会复位前一步的计时器。注意程序段 1 中绿灯的闪烁控制由 T37 完成，闪烁频率为 1 s。

（5）将程序下载至 PLC 中，下载成功后将 PLC 置于运行状态，按下启动按钮，观察指示灯的动作。

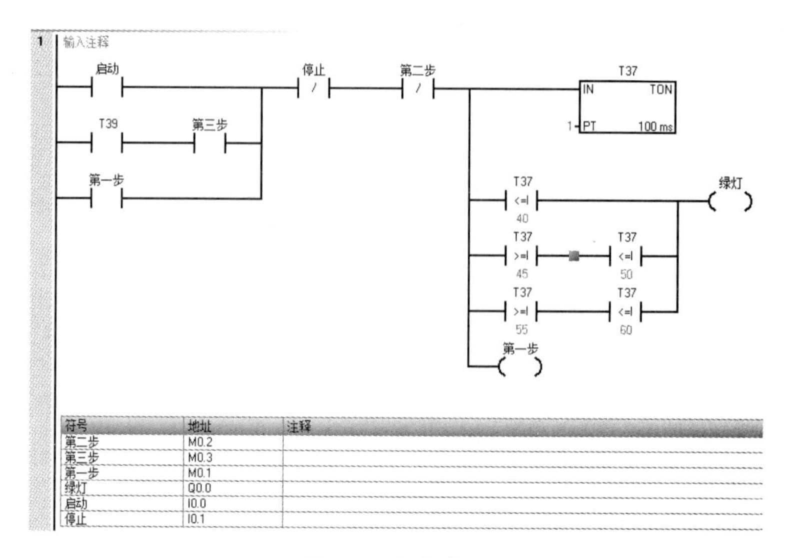

符号	地址	注释
第二步	M0.2	
第三步	M0.3	
第一步	M0.1	
绿灯	Q0.0	
启动	I0.0	
停止	I0.1	

图 4.3　程序段 1

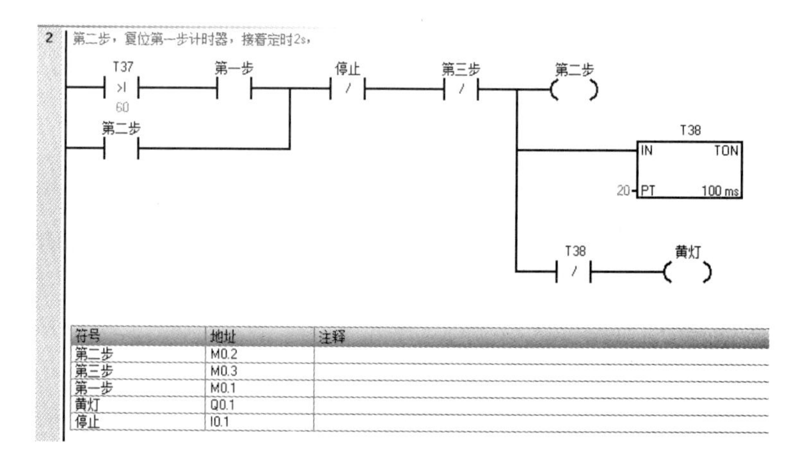

符号	地址	注释
第二步	M0.2	
第三步	M0.3	
第一步	M0.1	
黄灯	Q0.1	
停止	I0.1	

图 4.4　程序段 2

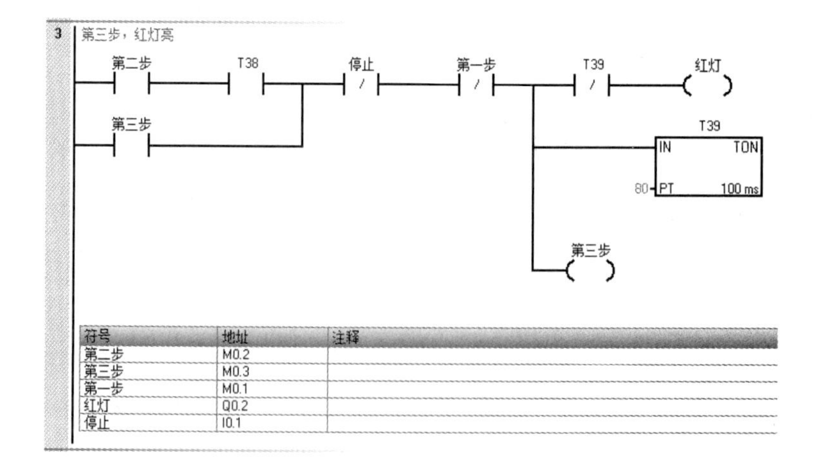

符号	地址	注释
第二步	M0.2	
第三步	M0.3	
第一步	M0.1	
红灯	Q0.2	
停止	I0.1	

图 4.5　程序段 3

连接通信：

（1）程序界面的左侧，项目树中，CPU 的设定成：CPU ST20（DC/DC/DC），这是试验台CPU 的型号。

（2）选中项目树中的“通信”，双击弹出“通信”对话框。单击“下三角”按钮，选择计算机的网卡，这个网卡与计算机的硬件有关。单击“查找 CPU”选项（需要先用网线连接 CPU 和电脑），会显示当前连接的 CPU 的 IP 地址，选择“确定”即可连接 CPU 与 STEP7。

注意：

（1）计算机 IP 地址需要和 CPU 地址处于同一网段才能连接，否则报错。本实验中 CPU 的 IP 地址为 192.168.2.1，那么计算机 IP 则应为 192.168.2.xx。（触摸屏的 IP 地址可以在屏幕上直接设置，默认密码：1111）

（2）修改计算机本地连接 IP 方法。打开个人计算机的“网络连接”，选中“本地连接”，单击鼠标右键，弹出快捷菜单，单击“属性”选项选中“Internet 协议版本 4（TCP/IPv4）”选项，单击“属性”按钮，选择“使用下面的 IP 地址”选项，输入 IP 地址为 192.168.2.2（这里令计算机的 IP=192.68.2.2,不能和 CPU 的 IP 地址相同）和子网掩码 255.255.255.0，单击“确定”按钮即可。

4.2 触摸屏数字量输入输出

1. 实验目的

（1）熟悉 EasyBuilder Pro 编程环境，掌握触摸屏编程过程。

（2）学习一个简单的触摸屏输入输出控制程序编写。

（3）完成 PLC 与 HMI 的通信，理解 PLC 与触摸屏的数据信息交换。

2. 实验器材

（1）PLC 一台。

（2）24 V DC 电源。

（3）按钮 2 个；指示灯 2 个。

（4）触摸屏一台。

（5）编程线缆 1 根，导线若干。

3. 实验内容

完成 PLC 与 HMI 的通信设置，实现二者之间的信息交换。

（1）PLC 上 Q0.0、Q0.1 分别接两个小灯，并在 I0.0 接一个按钮。

（2）在 HMI 屏幕上组态两个按钮，分别控制 PLC 上两个小灯；组态一个指示灯显示 PLC 的按钮状态，当 I0.0 接通时，屏幕上指示灯亮，反之指示灯不亮。

（3）要求分别完成 PLC 与 HMI 的编程，编译后下载到 HMI，运行操作。

4. 实验步骤

（1）首先根据题意，进行 PLC 的 I/O 分配（见表 4.2）。

表 4.2　I/O 分配

输入		输出	
按钮 SB1	I0.0	黄指示灯	Q0.0
		绿指示灯	Q0.1

（2）确定接线图。

按照图 4.6 连接 24 V DC 电源，将按钮 SB1 连接 PLC 上的 I0.0 端口。两个指示灯分别接到 Q0.0 和 Q0.1。

通过 RS485 连接线将 PLC 与 HMI 连接在一起。

给 PLC 电源接线，L+连接到 24 V DC 电源正极，M 接 24 V DC 电源负极。

给 HMI 电源接线，L+连接到 24 V DC 电源正极，M 接 24 V DC 电源负极。

（3）完成 HMI 编程。

设置 PLC 与 HMI 的通信参数一致（见表 4.3）。在屏幕上完成两个控制按钮和一个指示灯的设计。注意要读取的 PLC 地址信息。离线模拟调试触摸屏。编译文件，下载到 U 盘里。

组态触摸屏界面如图 4.7 所示。

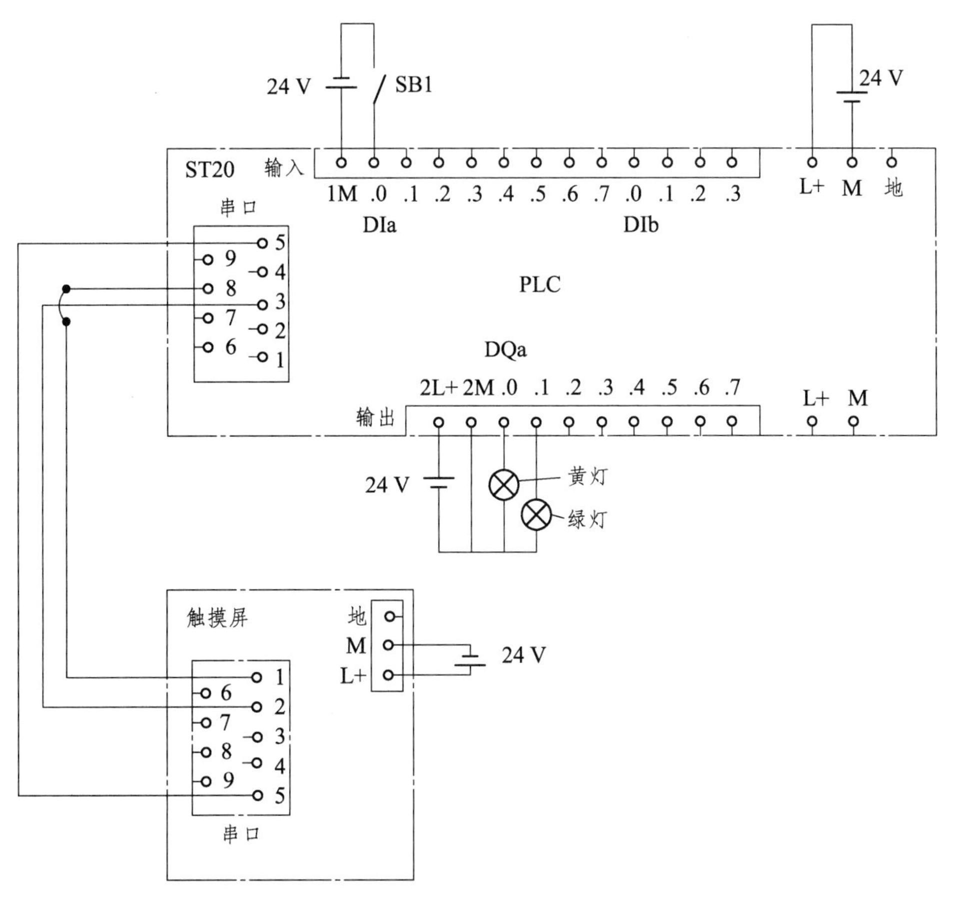

图 4.6　触摸屏数字量输入输出接线图

表 4.3　HMI 元件与 PLC 存储地址对应关系

PLC 元件	地址	HMI 元件
按钮	I0.0	位状态指示灯
黄指示灯	M0.1	位状态设置
绿指示灯	M0.2	位状态设置

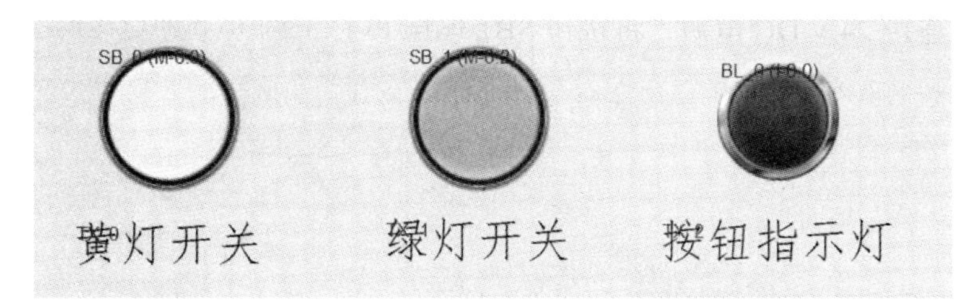

图 4.7　触摸屏界面

打开 EasyBuilder 软件，选择触摸屏型号：TK8071iP。再通过新增设备，选择与触摸屏连接的 PLC，选择 PLC 型号：S7-200 SMART。保证二者的通信参数设置一致：RS485 2W。

在软件编辑界面分别上方工具栏“元件”中，选择“位状态指示灯”和“位状态设置”元件，并进行如图 4.8 所示的设置。分别设置“位状态设置”控制地址分别为 M0.1 和 M0.2，开关类型为复归型，“位状态指示灯”元件读取地址为 I0.0。完成后可以离线模拟，看一下触摸屏上按钮与指示灯的效果。满意后通过 RS485 下载程序到触摸屏。

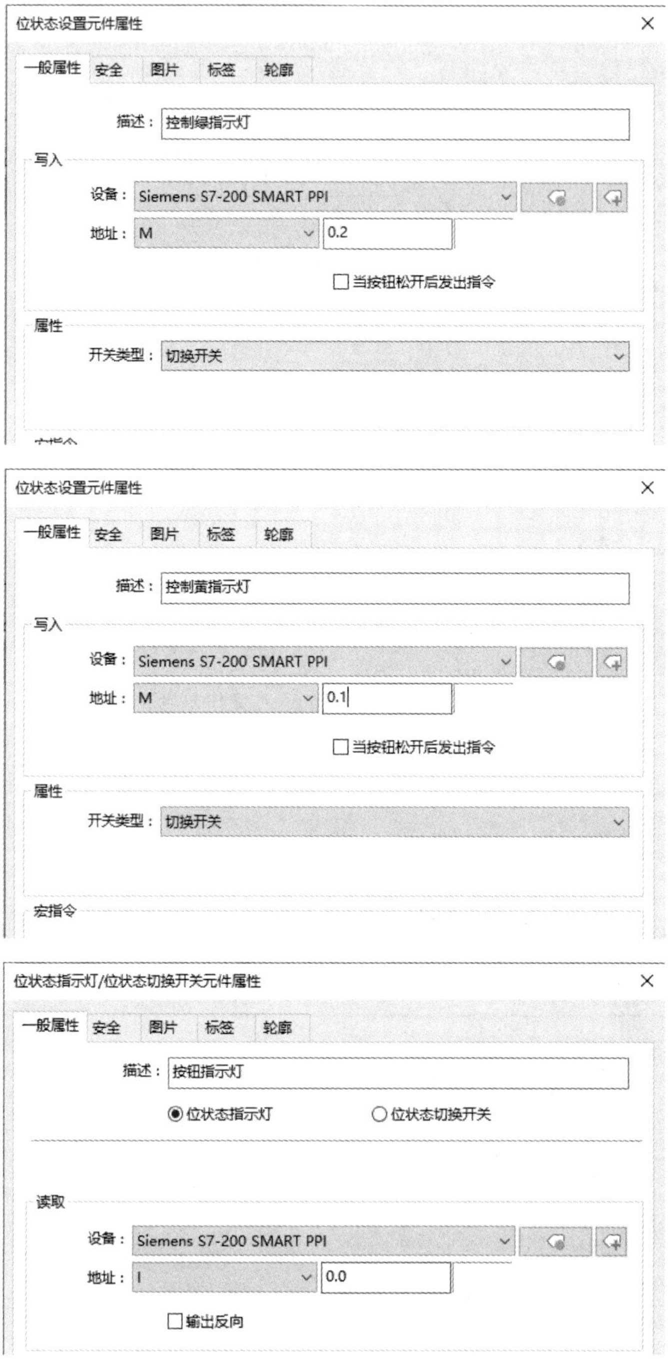

图 4.8　触摸屏元件设置

（4）编写 PLC 程序。

要通过触摸屏控制 PLC 上黄指示灯和绿指示灯，需要通过通信端口将触摸屏上的黄灯开关和绿灯开关信息传递到 PLC 存储空间地址，即位寄存器（M0.1 和 M0.2）（见图 4.9）。

PLC 即可通过读取由触摸屏传递来的信息（M0.1 和 M0.2）控制黄色和绿色指示灯。

PLC 与触摸屏二者建立的通信，在每个扫描周期实时进行，读取对方的寄存器、继电器或者存储区的信息。

编译，下载到 PLC。

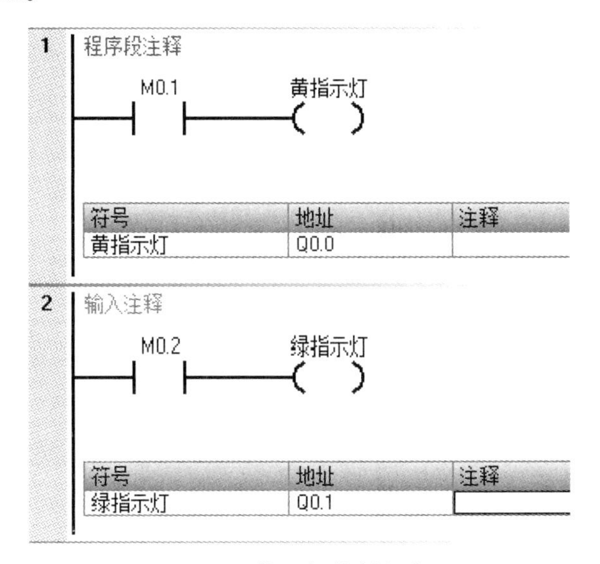

图 4.9 指示灯控制程序

（5）PLC 上电，运行，通过触摸屏操作。

思考题：如果将实验 4.1 中的红黄绿灯的显示状态通过 RS485 总线同时传输显示到远程的室内触摸屏上，HMI 需要怎么编程？

4.3 传感器信息采集及触摸屏显示

1. 实验目的

（1）熟悉 PLC 的模拟量模块。

（2）学习温度传感器，并完成数据采集。

（3）实现触摸屏控制 PLC 完成加热装置控制，并完成温度传感器的采集显示。

2. 实验器材

（1）PLC 一台。

（2）24 V DC 电源。

（3）加热器。

（4）温度传感器及变送器。

（5）固态继电器 1 个。

（6）触摸屏一台。

（7）编程线缆 1 根，导线若干。

3. 实验内容

先在触摸屏上设计的一个开关按钮，通过 PLC 完成对加热装置的加热控制。同时通过温度传感器及变送器对温度进行测量，并送触摸屏显示温度（见图 4.10）。

加热器采用 220 V AC 电源，PLC 需要通过一个固态继电器来完成对加热器的开关控制。

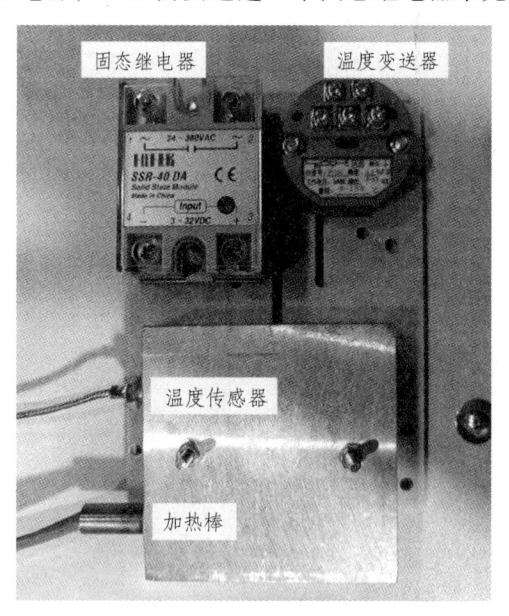

图 4.10 温度测量模块

4. 实验步骤

（1）I/O 分配。

使用 Q0.0 输出触点作为加热棒启动开关，Q0.0 由 PLC 内地址 M0.0 和 M0.1 控制（见表

4.4）。由于 200 SMART 自身没有模拟量模块，这里需要扩展 AM03（2 路模拟量输入，一路模拟量输出）模块进行模拟量的读取，PLC 将读取的传感器值进行相应的计算，计算结果放在 VD300 的存储地址中（见表 4.5）。

表 4.4 PLC 地址分配

输入		输出	
启动加热	M0.0	加热继电器	Q0.0
停止加热	M0.1	温度值	VD300

表 4.5 AM03 模块通道分配

模拟输入		模拟输出	
通道号	存储地址		
通道 0	AIW16		

（2）确定接线图。

按照图 4.11 进行接线。

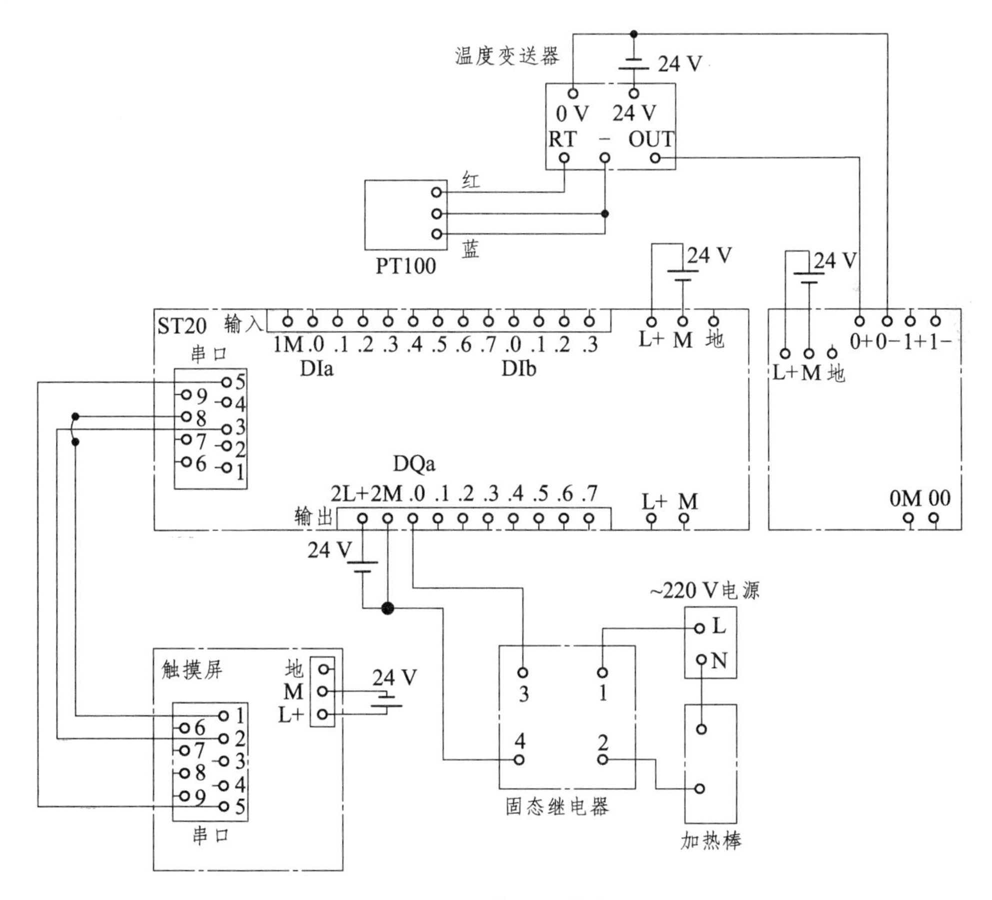

图 4.11 温度测量接线图

① 传感器接线：PT100 温度传感器的 3 根输出线，其红线接到变送器的 RT 端，两根蓝线

接到地线上（-）。

② 温度变送器接线：温度变送器电源分别接 24 V DC 电源，其输入由 PT100 温度传感器提供。变送器输出 OUT 端及 0 V 地分别接到 AM03 模块的 0+和 0-端子上。

③ 继电器接线：加热棒的控制由固态继电器控制。固态继电器的 3 脚与 PLC 的 Q0.0 端口连接，4 脚与 2M 相接；其输出端 1 接 220 V AC 的 L 线，2 端接到加热棒的一端，加热棒的另外一端接 220 V AC 的 N 线。

④ 触摸屏接线：采用 RS485 通信线将触摸屏与 PLC 的 RS485 端口相连起来。给 HMI 电源接线。

（3）PLC 程序编写。

① S7-200 SMART PLC 本体上不带模拟量输入输出端口。要完成温度信息的采集，首先需要完成对模拟量输入输出模块——EM AM03 扩展模块的配置。

在 STEP 7 软件系统块界面中组态 AM03 模块。在 1 处“EM0”中单击插入模拟量模块，在下拉条目中选择“EM AM03（2AI/1AQ）”模块，如图 4.12 所示。

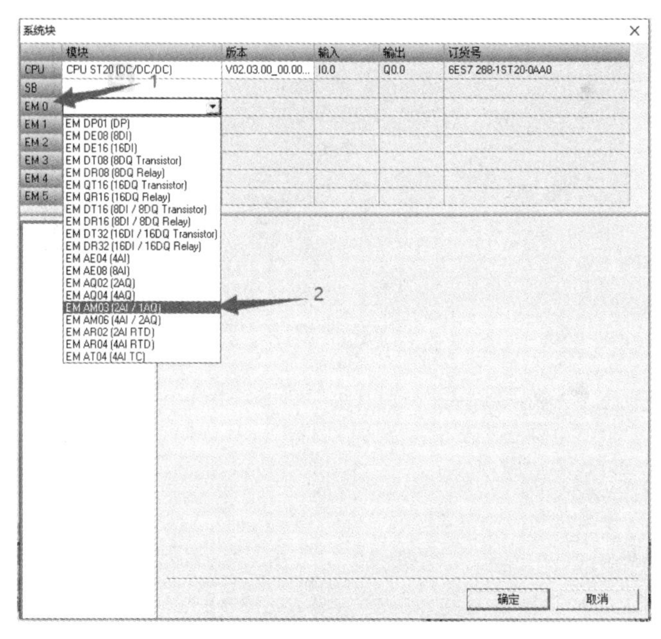

图 4.12　组态 AM03 模块

对模拟量通道进行参数设置，按照图 4.13 中 1 处选择“通道 0”，将 2 处类型设置为“电压”，3 处设置电压为“+/–10 V”，4 处设置为“50 Hz”，5 处设置为“弱（4 个周期）”。其余参数默认不变，点击“确定”。

模拟量测量原理：实验台上采用的温度变送器测温范围为 0 ~ 150 °C，对应输出电压为 0 ~ 10 V。也就是说，输出电压和温度成比例变化，即

$$V_{\text{out}} = \frac{V_{\text{omax}} - V_{\text{omin}}}{T_{\max} - T_{\min}} T_{\text{in}}$$

上式中，$T_{\max}$ 和 $T_{\min}$ 分别为测温范围的最大值和最小值，V_{omax} 和 V_{omin} 分别为输出电压的最大值和最小值，T_{in} 为当前实际的温度，V_{out} 为温度变送器输出电压。

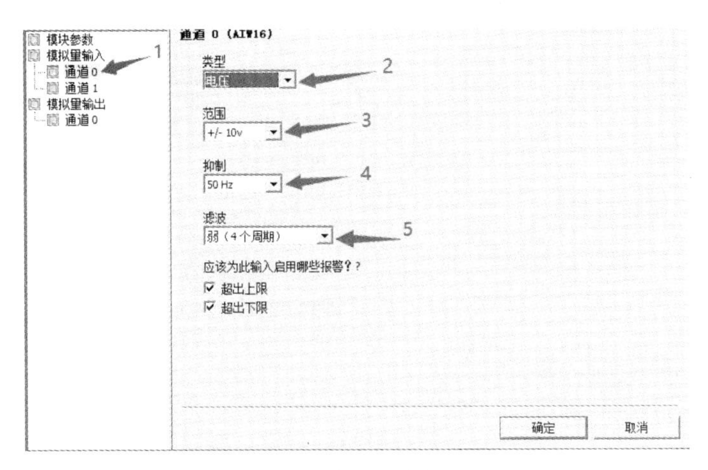

图 4.13　模拟量参数设置

PLC 检测模拟量原理实际就是检测接入模拟量输入通道的电压或电流变化，转换为对应数字量变化，进而计算温度。西门子 AM03 模块检测 0 ~ 10 V 电压对应的数字量变化为 0 ~ 27648，即

$$D_{out} = \frac{D_{max} - D_{min}}{V_{imax} - V_{imin}} V_i$$

上式中，D_{max} 和 D_{min} 分别为数字量最大值和最小值，V_{imax} 和 V_{imin} 分别为 PLC 组态的模拟量输入范围的最大值和最小值，对应温度变送器输出范围，由于 $V_i = V_{out}$，可建立对应关系

$$T_{in} = \frac{T_{max} - T_{min}}{D_{max} - D_{min}} D_{out}$$

根据上式即可建立 PLC 程序由读取测得数字量计算当前的温度值，将结果放在 VD300 这个存储地址。

② 加热棒的开关控制由触摸屏控制 PLC 的中间继电器 M0.0 和 M0.1 的通断来完成。其输出控制固态继电器的通断，进而控制加热模块的启停。此部分启停控制功能简单，如图 4.14（a）程序段 1 所示。

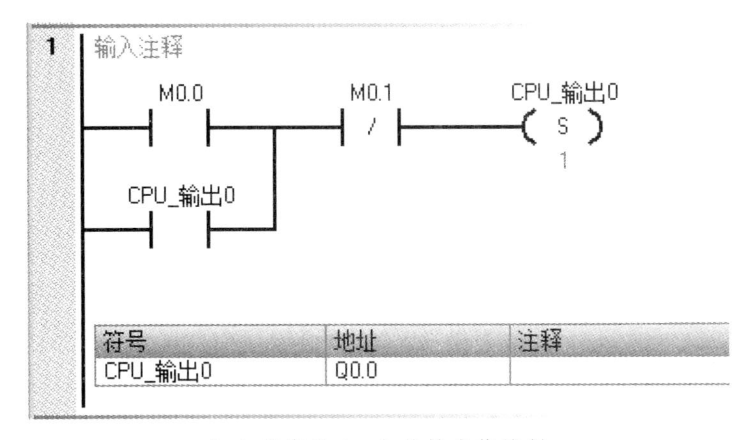

（a）程序段 1—加热棒启停控制

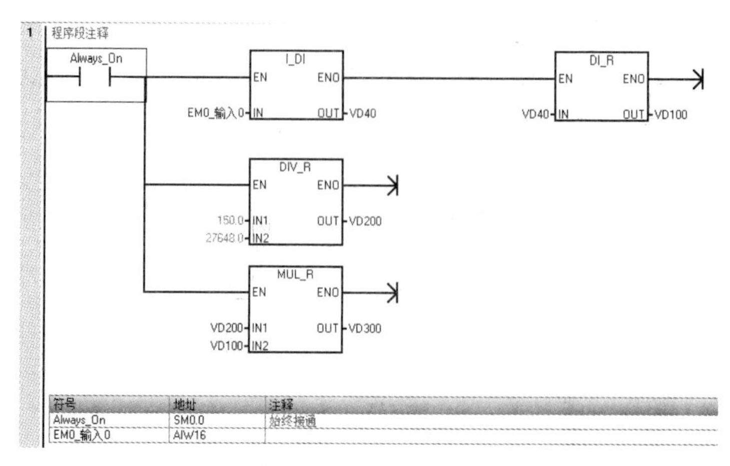

（b）程序段 2—A/D 采样

图 4.14　PLC 程序

AM03 通道 0 采集的值被保存在 AIW16 中，是一个字类型的数据，在程序中若使用实数运算，必须将器转化为实数类型，按照前述原理进行计算，将计算结果保存在 VD300 中，数据为实数类型。其计算梯形图如图 4.14（b）程序段 2 所示。

（5）触摸屏程序编写。

组态触摸屏控制界面如图 4.15 所示。需要 2 个“位状态设置”元件表示加热棒启停按钮，1 个“位状态指示灯”元件表示加热棒工作状态，1 个“数值”元件，显示当前温度传感器测量出来的温度数字值。为了以直观的仪表形式显示出温度值，还选用了一个“表针”元件。

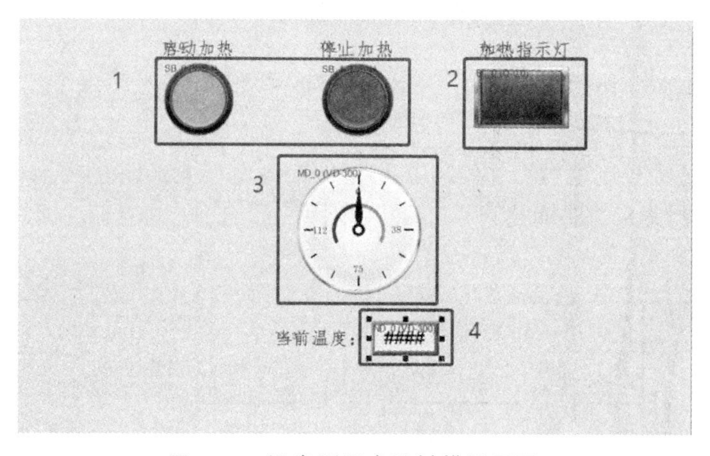

图 4.15　温度测量实验触摸屏界面

图 4.15 中元件 1 为“位状态设置”元件，通过设置地址 M0.0 和 M0.1 来分别控制加热棒的启动与停止，设置方法可参考触摸屏数字量输入输出实验，开关类型设置为“复归型”。

图 4.15 中元件 2 为“位状态指示灯”元件，这里用来显示 Q0.0 的状态，即当加热棒启动时灯亮，停止时熄灭，设置方法可参考触摸屏数字量输入输出实验。

图 4.15 中元件 3 为“表针”元件，用以显示当前温度变化。在工具栏“元件”中点击“ ”，可以弹出如下对话框，对表针进行设置，如图 4.16 中“1”处，设置数据读取的 PLC 地址，这里为 VD300；在图 4.16 中“2”处点击设置，弹出地址设置页面，在“3”处下拉菜单处选

择“32-bit Float”，否则不能正确显示。

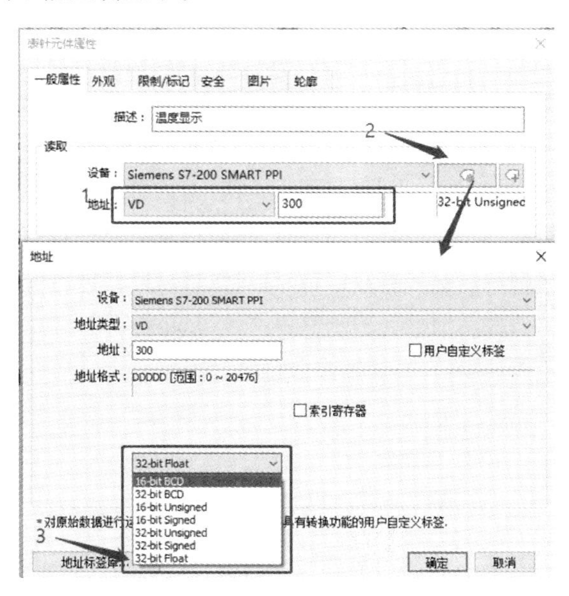

图 4.16　“表针”一般属性设置

在“限制/标记”页签中可以设置显示的上下限、温度范围、颜色标识和对应标识的颜色等，如图 4.17 所示。

图 4.17　“表针”限制/标记设置

图 4.15 中元件 4 为“数值”元件，点击“ ”按钮，可以创建一个文本框，将“启用输入功能”取消，可作为一个仅用于显示的文本框，地址设置为 VD300，如图 4.18 所示。

图 4.18 “数值”元件设置

在“数值”元件设置的“格式”页签中设置“资料格式”为“32-bit Float”类型，如图 4.19 所示。注意：HMI 选择什么样的数据类型，取决于 PLC 地址中存放的什么数据类型。

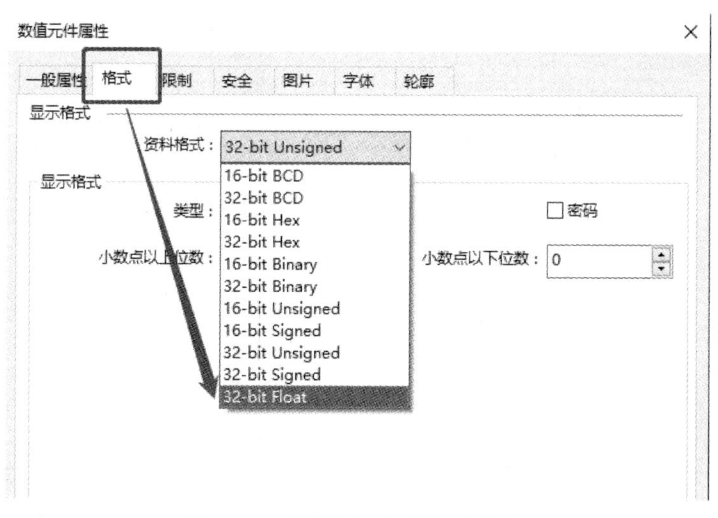

图 4.19 “数值”元件格式设置

思考题：如何设置 HMI 报警界面，并在温度超过 70 °C 时，停止加热；低于 40 °C 时开始加热。

4.4　使用 PLC 完成对步进电机的控制

1. 实验目的

（1）熟悉 PLC 的运动控制。

（2）掌握步进电机-丝杆螺母模块的基本起停控制，往复运动及调速控制。

2. 实验器材

（1）PLC 一台。

（2）24 V DC 电源。

（3）步进电机驱动器。

（4）步进电机丝杠螺母控制模块（包括限位开关），丝杆导程为 8 mm。

（5）编程线缆 1 根，导线若干。

3. 实验内容

通过 PLC 完成对丝杆螺母模块的位置往复控制。左右移动速度不同，左移速度是右移速度的 2 倍。

利用试验箱的步进电机（见图 4.20）与丝杆装置，如模拟剪切机的步进驱动系统。步进电机驱动丝杠带动螺母用于送料，送料长度为 200 mm，螺母从原点出发（靠近电机的限位开关），以 20 mm/s 的速度到达目标位置后停留 2 s，然后以 40 mm/s 的速度回到原点，到达原点后，停留 2 s，再正向运动，如此往复。每次开始时，靠近步进电机的限位开关需要导通。如果初始螺母位置不在原点，通过按钮来使螺母复位（见图 4.21）。

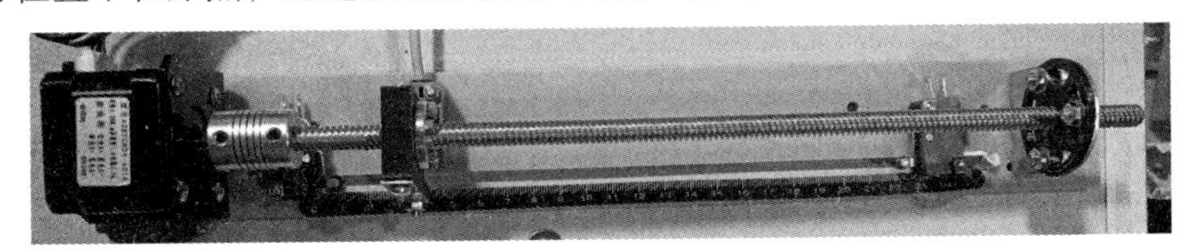

图 4.20　步进电机模块

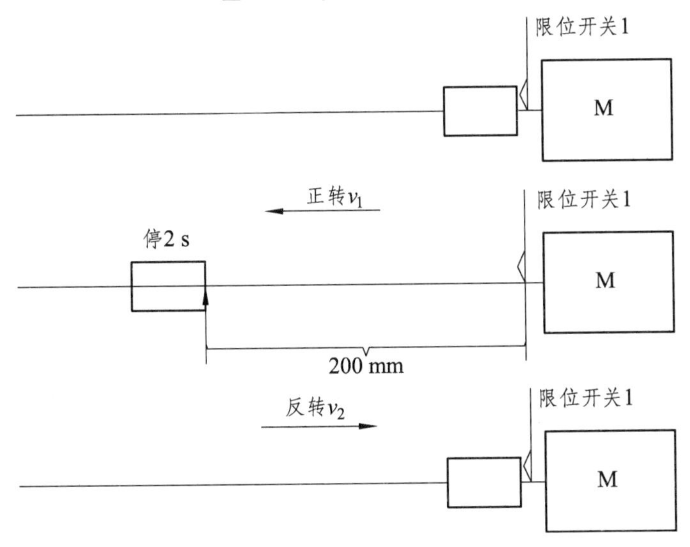

图 4.21　运动示意图

基本要求：利用 STEP7 运动控制向导，完成系统的自动运行。使用按钮对系统进行启停控制，按下启动按钮，自动开始循环，按下停止按钮，停止工作。通过按钮使螺母复位。

高级要求：使用触摸屏对系统进行启停控制，显示移动动画。

4. 实验步骤

（1）I/O 分配。

根据题意，分配 I/O 输入输出端，如表 4.6 所示。

表 4.6　I/O 地址分配

输入		输出	
I0.0	运动启动	Q0.0	脉冲输出
I0.1	运动停止	Q0.2	方向信号
I0.2	手动复位		
I0.3	原点限位开关		

（2）确定接线图。

按照图 4.22 完成 PLC 输入按钮的接线和电源接线。

输出接线为 PLC 对步进电机驱动器的控制线。步进电机驱动器有共阴和共阳两种接法，这与控制信号有关系，通常西门子 PLC 输出信号是+24 V 信号（即 PNP 型接法），所以应该采用共阴接法，所谓共阴接法就是步进电机驱动器的 DIR-和 PUL-与电源的负极相接，如图 4.22 所示。

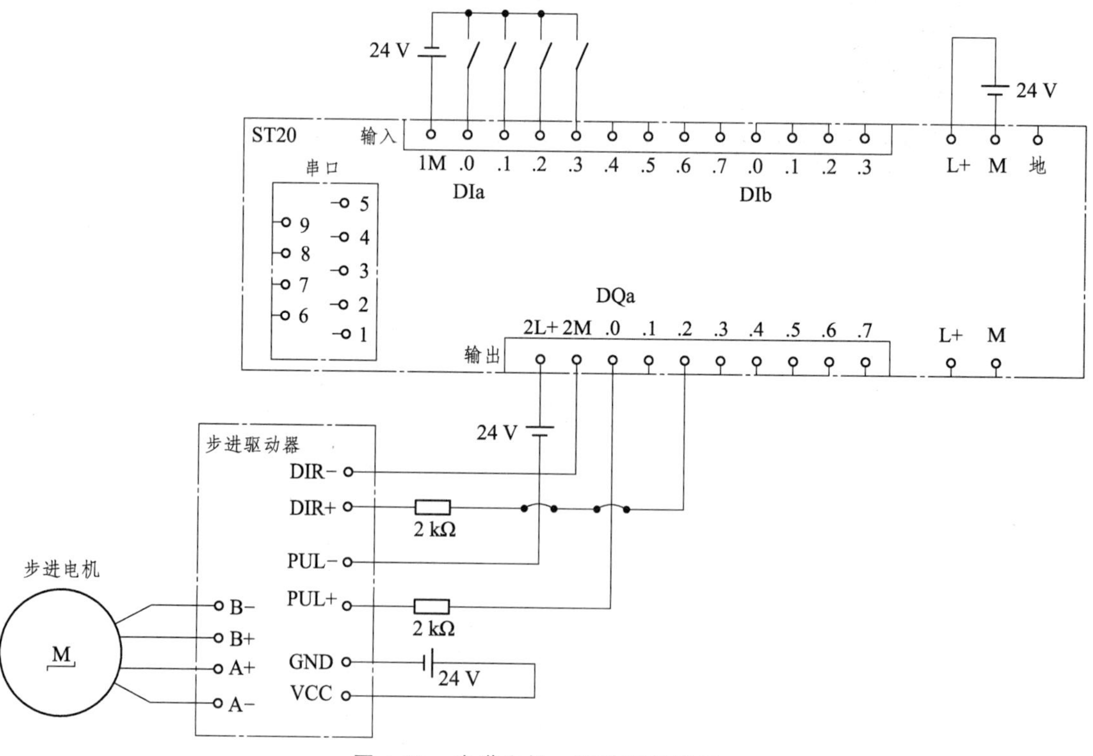

图 4.22　步进电机、驱动器接线图

PLC 不能直接与步进电机驱动器相连接，这是因为步进电机驱动器的控制信号通常是+5 V，而西门子 PLC 的输出信号是+24 V，显然是不匹配的。解决问题的办法就是在 PLC 与步进电机驱动器之间串联一只 2 kΩ 电阻，起分压作用，因此输入信号近似等于+5 V。有的资料指出串联一只 2 kΩ 的电阻是为了将输入电流控制在 10 mA 左右，也就是起限流作用，在这里电阻的限流或分压作用的含义在本质上是相同的。

（3）编码器拨码开关设置。

S1 ~ S3 对应细分为 1，表示不进行细分，步进电机额定电流为 1.3 A，S4 ~ S6 表示输出电流为 1 A，不超额定电流。

表 4.7　步进电机驱动器编码开关值

S1	S2	S3	S4	S5	S6
ON	ON	OFF	ON	OFF	ON

（4）组态硬件。

① 激活“运动控制向导”。

打开 STEP 7 软件，在主菜单“工具”栏中单击“运动”选项，弹出装置选择界面，如图 4.23 所示。

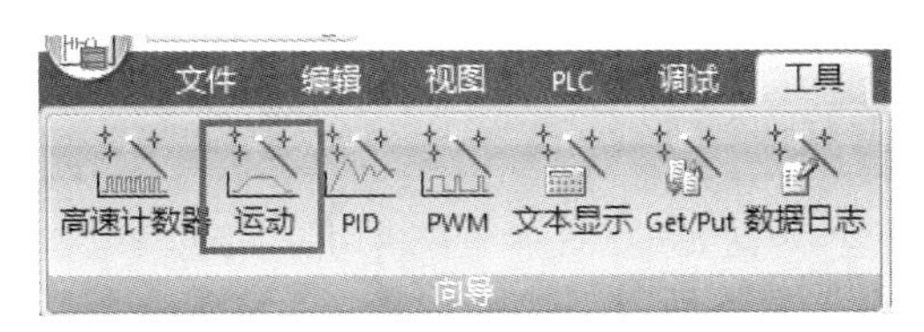

图 4.23　激活“运动控制向导”

② CPU ST20 系列 PLC 内部有两个轴可以配置，本例选择“轴 0”即可，如图 4.24 所示，再单击“下一个”按钮后编辑轴名称，接着再点击“下一个”。

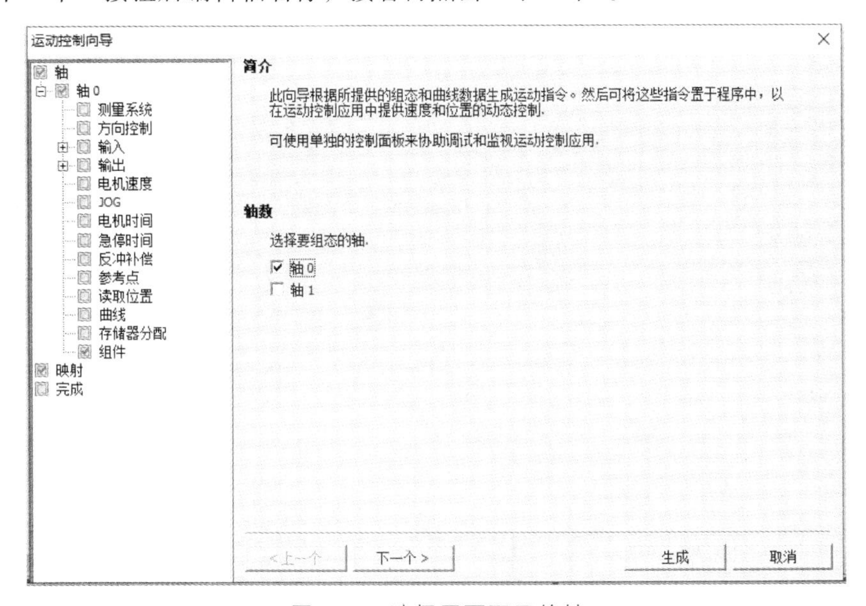

图 4.24　选择需要配置的轴

③ 输入系统的测量系统。

在“选择测量系统”选项中选择“工程单位”。由于步进电动机的步距角为 1.8°，所以电动机转一圈需要 200 个脉冲，所以“电机一次旋转所需的脉冲”为“200”；“测量单位”设为“mm”；“电机一次旋转产生多少 mm 运动”为“8”，因为丝杠的导程为 8 mm，所以电机转一圈，螺母移动 8 mm；再单击“下一个”按钮，如图 4.25 所示。

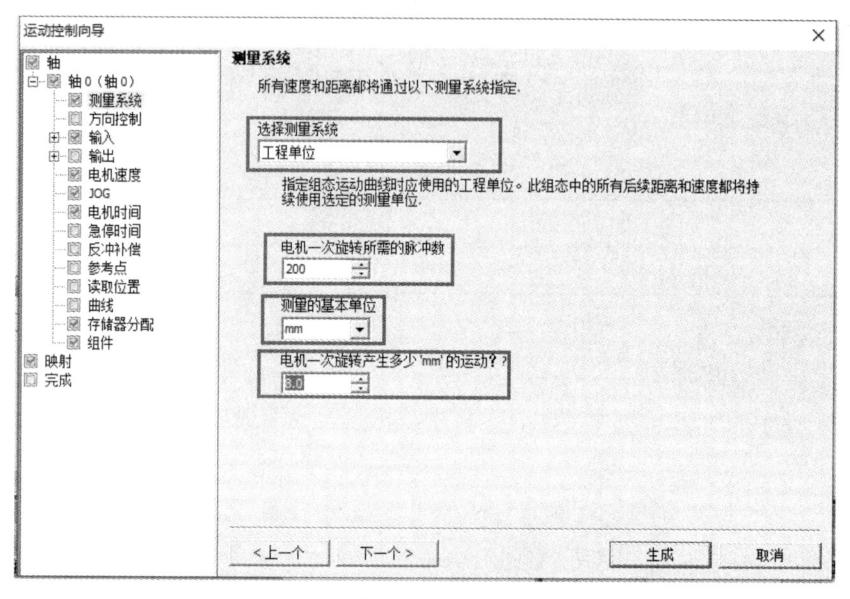

图 4.25　输入系统的测量系统

④ 设置脉冲方向的输出。

设置有几路脉冲输出，其中有单相（1 个输出）、双向（2 个输出）和正交（2 个输出）三个选项，本例选择“单相（2 个输出）”；再单击“下一个”按钮，如图 4.26 所示。

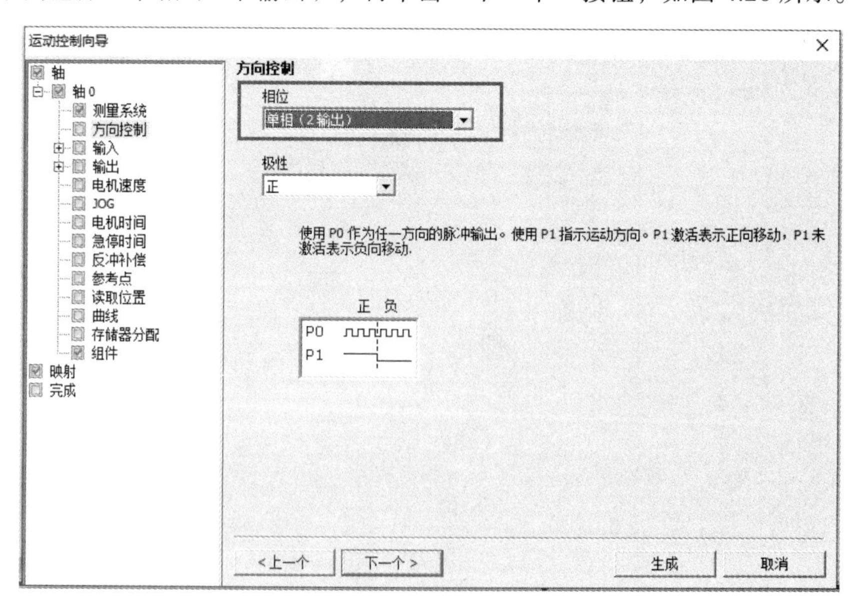

图 4.26　设置脉冲方向输出

⑤ 设置电机的点动速度。

设置 JOG_SPEED 电机的电动速度为 8 mm/s，表示当按下对应点动按钮后，螺母将以该速度运行，如图 4.27 所示。

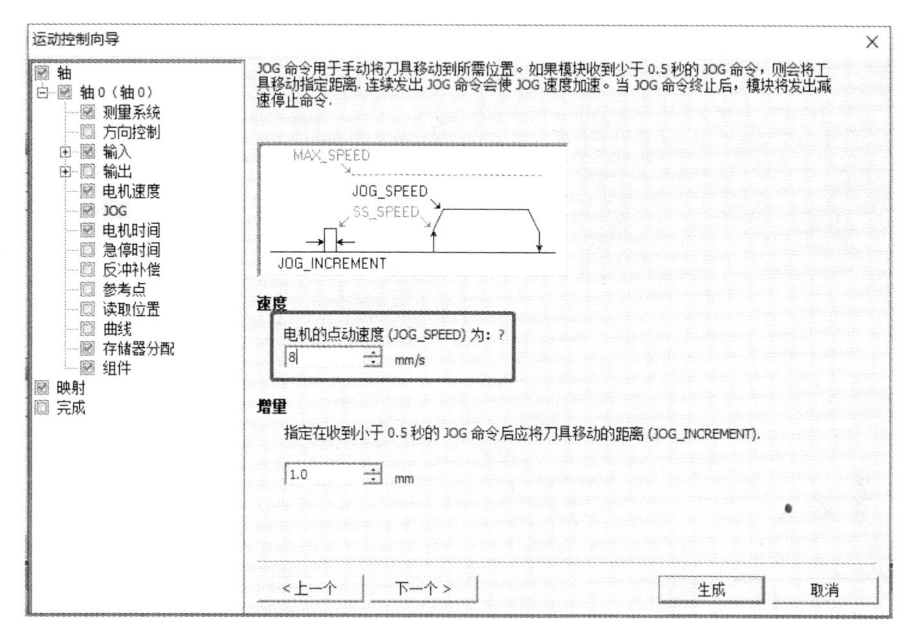

图 4.27　设置电机点动速度

⑥ 为配置分配存储区。

一直点击“下一个”，直到存储器分配设置页面。为配置分配存储区的 VB 内存地址如图 4.28 所示，本例设置为“VB2000 ~ VB2092”，也可以点击“建议”由系统自动分配，再单击“下一个”按钮。

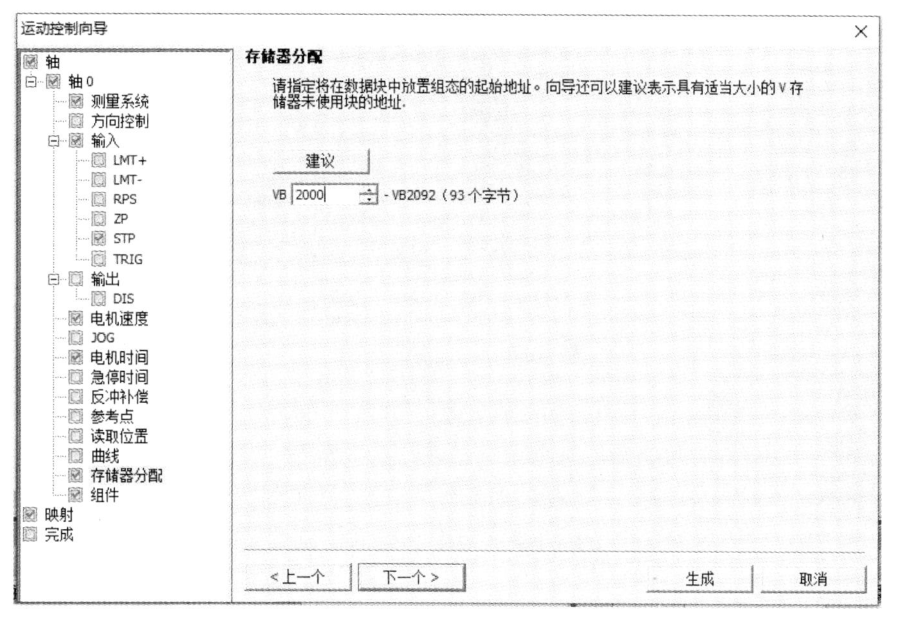

图 4.28　分配存储区

⑦ 完成组态。

单击“下一个”，产生 I/O 映射表，该映射表说明 Q0.0 为输出脉冲信号，Q0.2 为输出方向信号，单击“生成”完成组态，如图 4.29 所示。

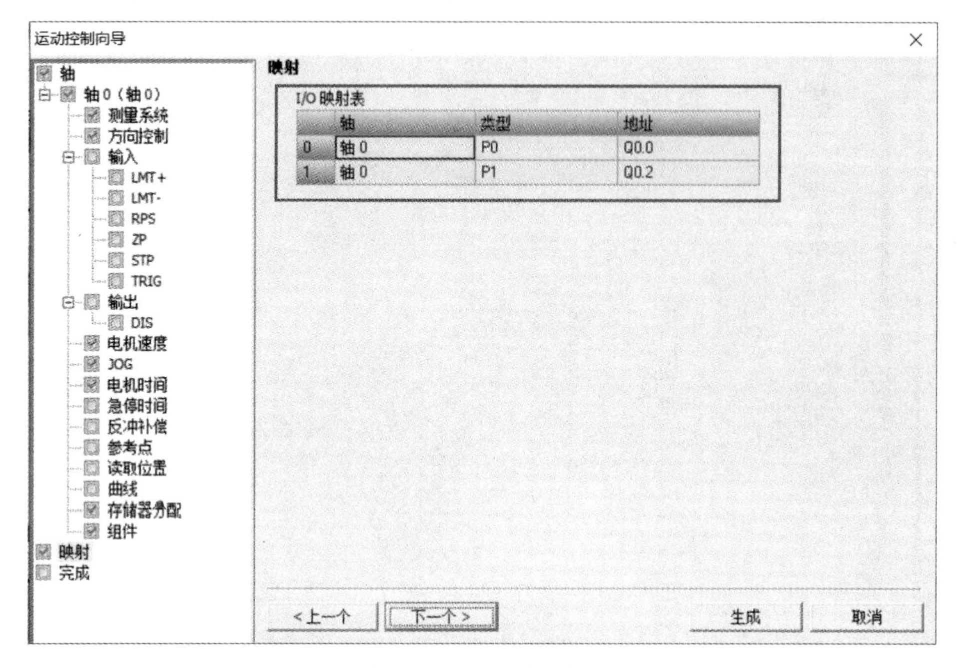

图 4.29 I/O 映射表

（5）完成硬件组态后，生成如图 4.30 所示的子程序，下面将 SBR1（运动控制初始化）、SBR2（手动控制）、SBR3（轴的制动运动）进行介绍。

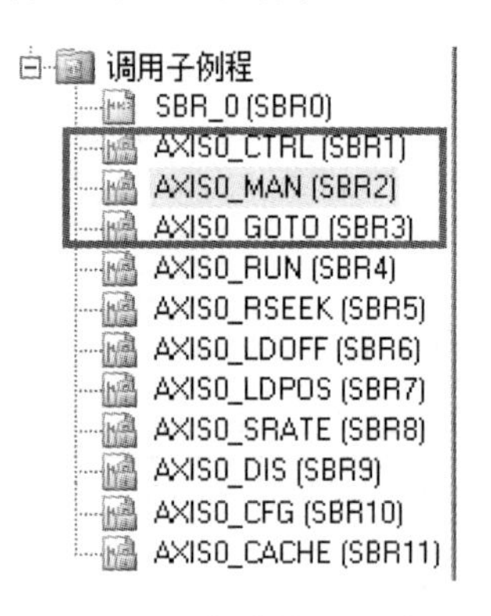

图 4.30 生成的子程序

AXISx_CTRL：（控制）启用和初始化运动轴，方法是自动命令运动轴，在每次 CPU 更改为 RUN 模式时，加载组态/包络表，每个运动轴使用此子例程一次，并确保程序会在每次扫描时调用此子例程。AXISx_CTRL 子程序的参数见表 4.8。

AXISx_MAN：（手动模式）将运动轴置为手动模式。这允许电机按不同的速度运行，或沿正向或负向慢进。您在同一时间仅能启用 RUN、JOG_P 或 JOG_N 输入之一。AXISx_MAN 子程序的参数见表 4.9。

表 4.8　AXISX_CTRL 参数表

子程序	输入输出参数含义	数据类型
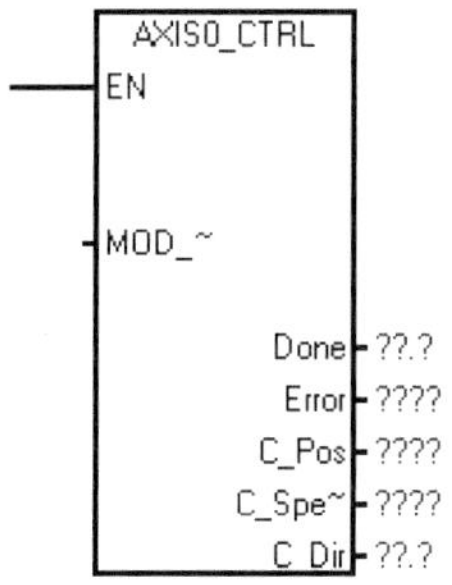 AXIS0_CTRL EN MOD_~ Done ??.? Error ???? C_Pos ???? C_Spe~ ???? C_Dir ??.?	EN：使能	BOOL
	MOD EN：参数必须开启，才能启用其他运动控制子例程向运动轴发送命令	BOOL
	Done：当完成任何一个子程序时，Done 参数会开启	BOOL
	C_Pos：运动轴的当前位置。根据测量单位，该值是脉冲数（DINT）或工程单位数（REAL）	DINT/REAL
	C_Speed：运动轴的当前速度。如果针对脉冲组态运动轴的测量系统，是一个 DINT 数值，其中包含脉冲数/每秒。如果针对工程单位组态测量系统，是一个 REAL 数值，其中包含选择的工程单位数/每秒（REAL）	DINT/REAL
	C_Dir：电动机的当前方向，0 代表正向，1 代表反向	BOOL
	Error：出错时返回错误代码	BYTE

表 4.9　AXISx_MAN 参数表

子程序	输入输出参数含义	数据类型
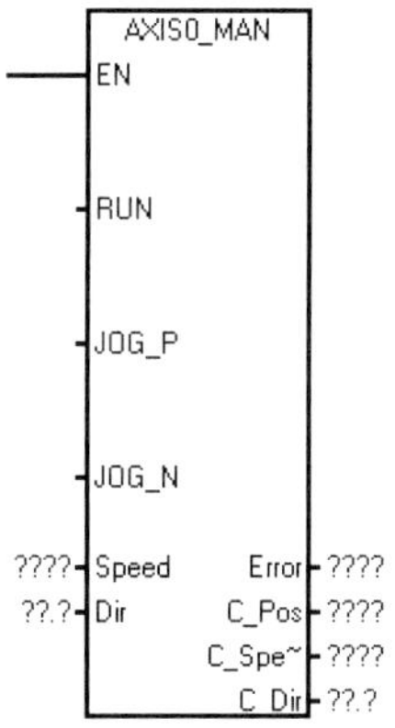 AXIS0_MAN EN RUN JOG_P JOG_N ????-Speed ??.?-Dir Error ???? C_Pos ???? C_Spe~ ???? C_Dir ??.?	EN：使能	BOOL
	RUN：命令运动轴加速至指定的速度和方向	BOOL
	JOG_P：点动正向旋转	BOOL
	JOG_N：点动反向旋转	BOOL
	Speed：决定启用 RUN 时的速度	DINT/REAL
	Dir：确定当 RUN 启用时移动的方向	BOOL
	C_Pos：包含运动轴的当前位置	DINT/REAL
	C_Spe~：包含运动轴的当前速度	DINT/REAL
	C_Dir：表示电机的当前方向，0 为正向，1 为反向	BOOL
	Error：出错时返回错误代码	BYTE

如果 JOG_P 或 JOG_N 参数保持启用的时间短于 0.5 s，则运动轴将通过脉冲指示移动 JOG_INCREMENT 中指定的距离。如果 JOG_P 或 JOG_N 参数保持启用的时间为 0.5 s 或更长，则运动轴将开始加速至指定的 JOG_SPEED。

AXISx_GOTO：其功能是命令运动轴转到所需位置，这个子程序提供绝对位移和相对位移 2 种模式。AXISx_GOTO 子程序的参数见表 4.10。

（6）编写 PLC 程序。

程序段 1、2：按下 I0.0 开始按钮，M0.3 接通并保持，M0.4 产生一个上升沿脉冲。在初始启动时，靠近步进电机左侧的行程开关必须为导通状态。按下 I0.1 停止按钮后，M0.3 断开。

M0.3 用于控制 AXIS0_CTRL 的 MOD_EN 端口的通断，M0.4 用于按下启动按钮后，为 AXIS0_GOTO 发送第一个控制指令。由于使用 AXIS0_MAN 指令也必须使 AXIS0_CTRL 的 MOD_EN 导通，所以当按下手动复位按钮时，也应导通 M0.3（见图 4.31）。

表 4.10　AXISx_GOTO 参数表

子程序	输入输出参数含义	数据类型
AXIS0_GOTO EN START ????-Pos　Done-??.? ????-Speed　Error-???? ????-Mode　C_Pos-???? ??.?-Abort　C_Spe~-????	EN：使能	BOOL
	START：开启 START 向运动轴发出 GOTO 命令，应以脉冲方式开启 START 参数	BOOL
	Pos：要移动的位置（绝对移动）或要移动的距离（相对移动）	DINT/REAL
	Speed：确定该移动的最高速度	DINT/REAL
	Mode：选择移动的类型。0 代表绝对位置，1 代表相对位置，2 代表单速连续正向旋转，3 代表单速连续反向旋转	BYTE
	Abort：命令位控模块停止当前轮廓并减速至电动机停止	BOOL
	Done：当完成任何一个子程序时，会开启 Done 参数	BOOL
	Error：出错时返回错误代码	BYTE
	C_Pos：运动轴的当前位置	DINT/REAL
	C_Speed：运动轴的当前速度	DINT/REAL

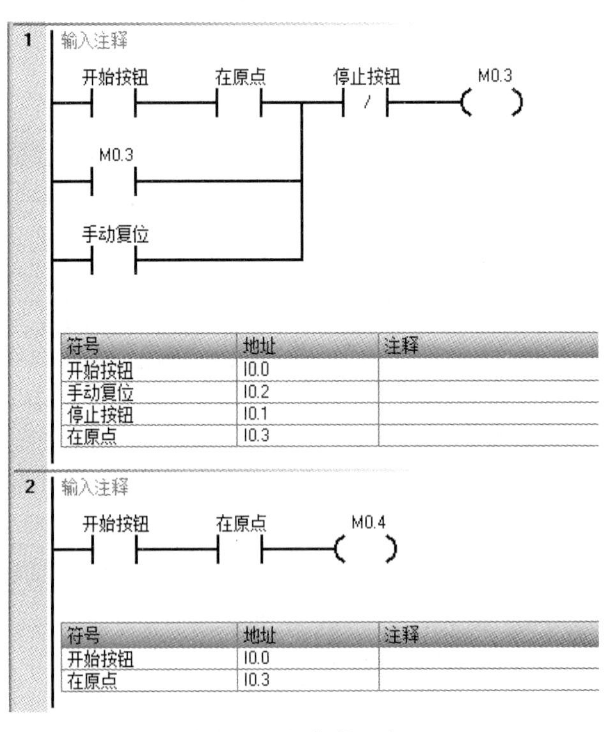

图 4.31　程序段 1 和 2

程序段 3：用于初始化运动轴，当 M0.3 断开时，运动控制子例程停止向运动轴发送命令，从而使正在进行中的运动停止。状态输出 M2.0，报警输出 VB0，当前位置输出 VD10，当前速度输出 VD14，当前方向输出 M2.1（见图 4.32）。

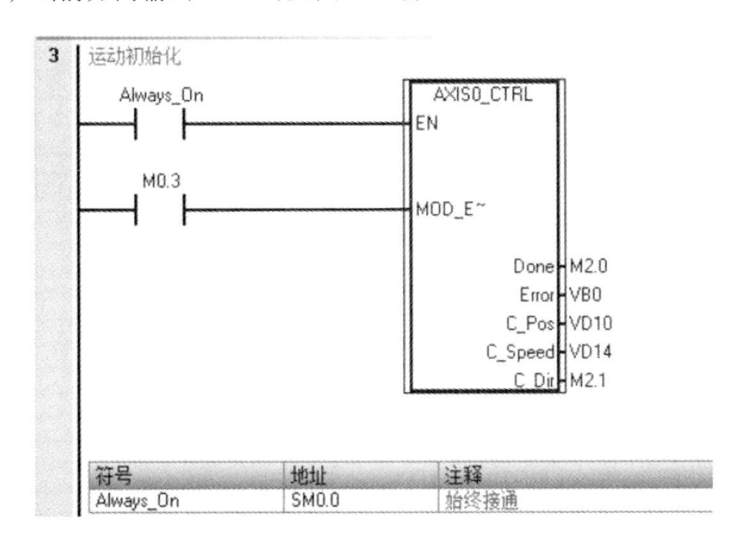

图 4.32　程序段 3

程序段 4：AXIS0_GOTO 为组态轴的运动执行程序块，当 START 接口接收到上升沿指令时，即启动轴运动到指定的位置。初次运动时，由 M0.4 产生第一个上升沿脉冲，启动运动命令。在以后的循环中，由定时器产生上升沿脉冲进行运动命令的发出。VD100 存储轴的目标位置，VD200 存储轴的运动速度，按下停止按钮 I0.1 时运动停止，到达指定位置后，Done 输出 1，保存在 M0.1 中。启动时滑块必须在原点（见图 4.33）。

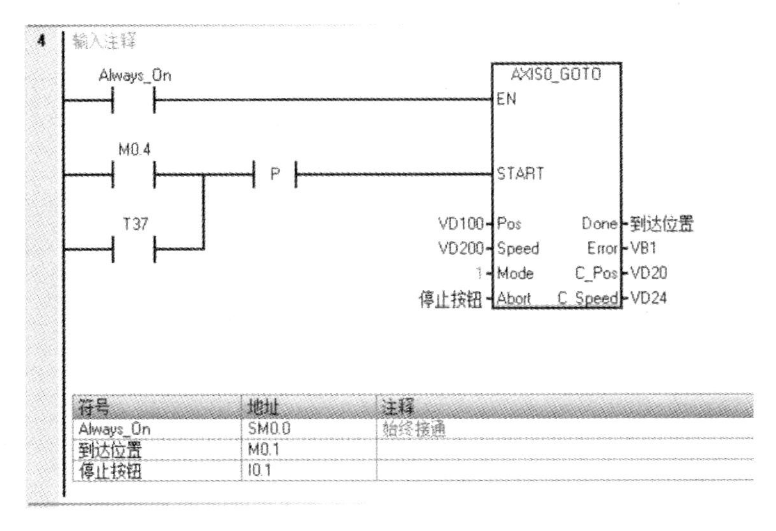

图 4.33　程序段 4

程序段 5：当运动到指定位置时，设置一个标记 M0.2（见图 4.34）。

程序段 6：到达指定位置后，计数器+1，计数器到达 2 时自动复位；按下停止按钮后，计时器也应复位。初始时计数器值为 0，向右运动（见图 4.35）。

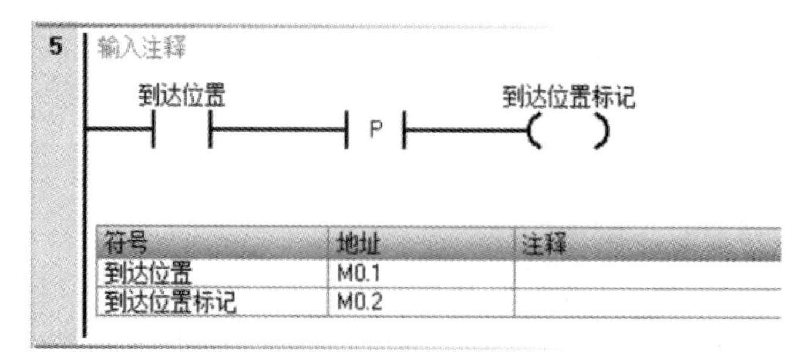

符号	地址	注释
到达位置	M0.1	
到达位置标记	M0.2	

图 4.34　程序段 5

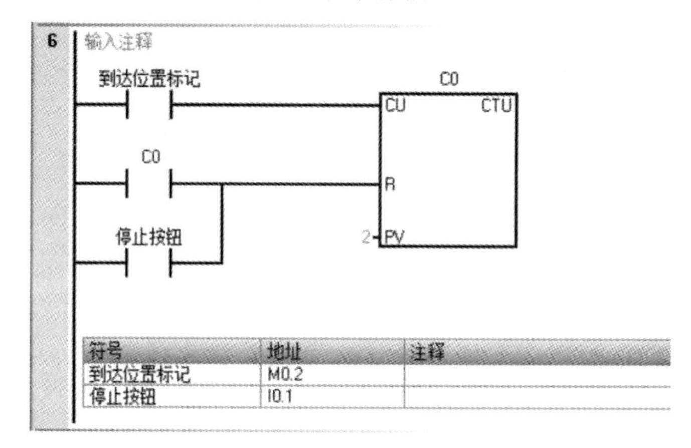

符号	地址	注释
到达位置标记	M0.2	
停止按钮	I0.1	

图 4.35　程序段 6

程序段 7：向右运动时，分别将 200.0 和 20.0 传送到 VD100 和 VD200，向左运动时，分别将 -200.0 和 40.0 传送到 VD100 和 VD200。使用 MOV_R 指令以传送 REAL 的数据（见图 4.36）。

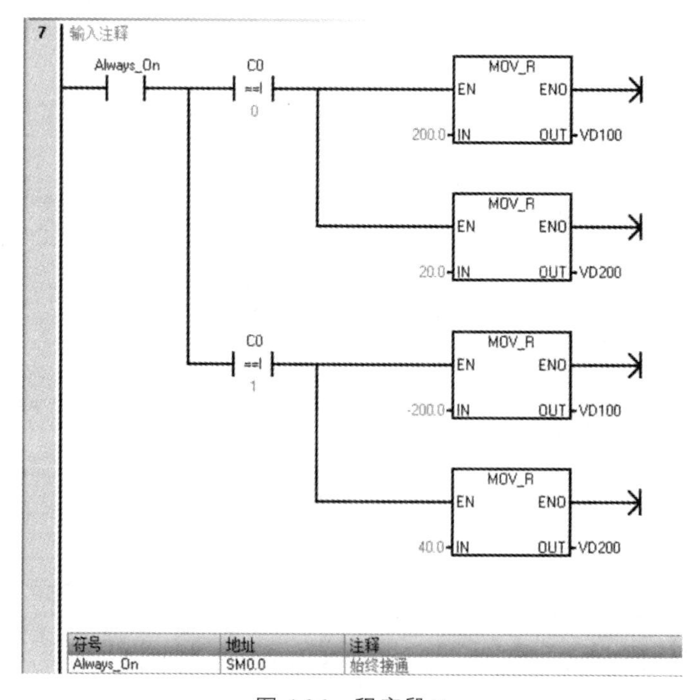

符号	地址	注释
Always_On	SM0.0	始终接通

图 4.36　程序段 7

程序段 8：当到达指定位置后，启动定时器延迟 2 s，当定时器计时到达后，程序段 2 中的 T37 触点接通，产生上升沿使运动开始（见图 4.37）。

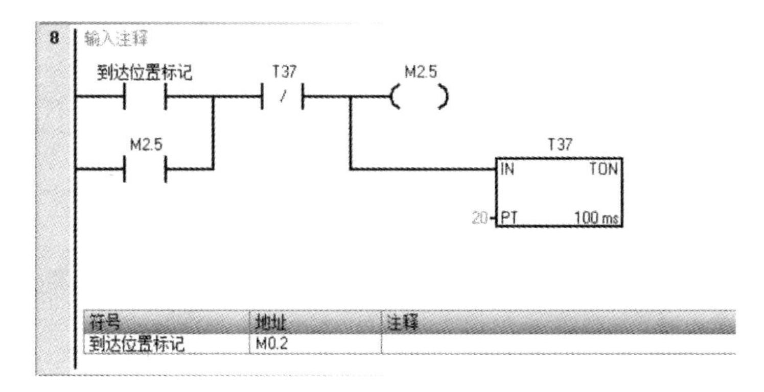

图 4.37　程序段 8

程序段 9：使用 AXIS0_MAN 来实现螺母的手动复位，EN 端口使用 SM0.0 持续导通，这里 RUN，JOG_P 并未使用，使用一个为地址作为输入，复位操作使用 JOG_N，即螺母向原点运动，当原点的限位开关触发时，复位按钮不可用，只有当螺母不在原点时才可启动复位，所以将原点的常闭触点与复位按钮串联。Speed，Dir 参数用于当 RUN 使能时调用，这里没有用到，任意写即可（见图 4.38）。

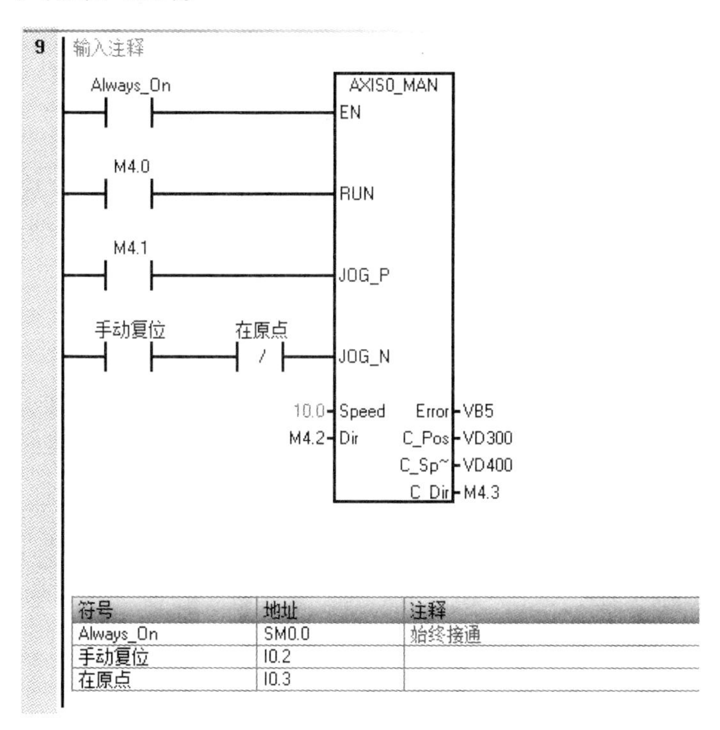

图 4.38　程序段 9

（7）编译，下载程序值 PLC，将 PLC 置运行位，观察丝杆运动。

4.5 使用变频器完成三相异步电机的多段速度控制

1. 实验目的

（1）学习变频器的使用。

（2）掌握用变频器控制电机的转速。

2. 实验器材

（1）PLC 一台。

（2）24 V DC 电源。

（3）变频器。

（4）三相异步电机。

（5）编码器。

（6）编程线缆 1 根，导线若干。

3. 实验内容

利用台达变频器对三相异步电机进行多段速控制。通过触摸屏按钮来控制变频器输出不同频率，调节电机转速。并利用 PLC 读取编码器数据，实时将电机速度显示在触摸屏上。

4. 实验步骤

（1）I/O 分配。

根据题意，PLC 需要输入编码器的反馈信号，将其输出接入 I0.0 和 I0.1。3 个按钮分别控制变频器启动，以及电机速度等级。PLC 的 3 个输出端 Q0.0、Q0.1、Q0.2 分别控制变频器的启动和速度频率段设定（见表 4.11）。

表 4.11 I/O 地址分配

输入	I0.0	编码器 OUTA
	I0.1	编码器 OUTB
输出	Q0.0	变频器启动
	Q0.1	频率 1
	Q0.2	频率 2
	HMI 读取地址	VD100

（2）台达变频器多段速控制原理。

通过变频器控制回路的 M3、M4、M5 端子组合可产生最多 7 段频率输出，如表 4.12 所示。通过 PLC 的 3 个输出端口分别控制 M3、M4、M5 端子，即可实现电机不同速率控制。

（3）确定接线图。

接线图如图 4.39 所示。

表 4.12　多段速控制指令

	M3	M4	M5
第一段频率	1	0	0
第二段频率	0	1	0
第三段频率	1	1	0
第四段频率	0	0	1
第五段频率	1	0	1
第六段频率	0	1	1
第七段频率	1	1	1

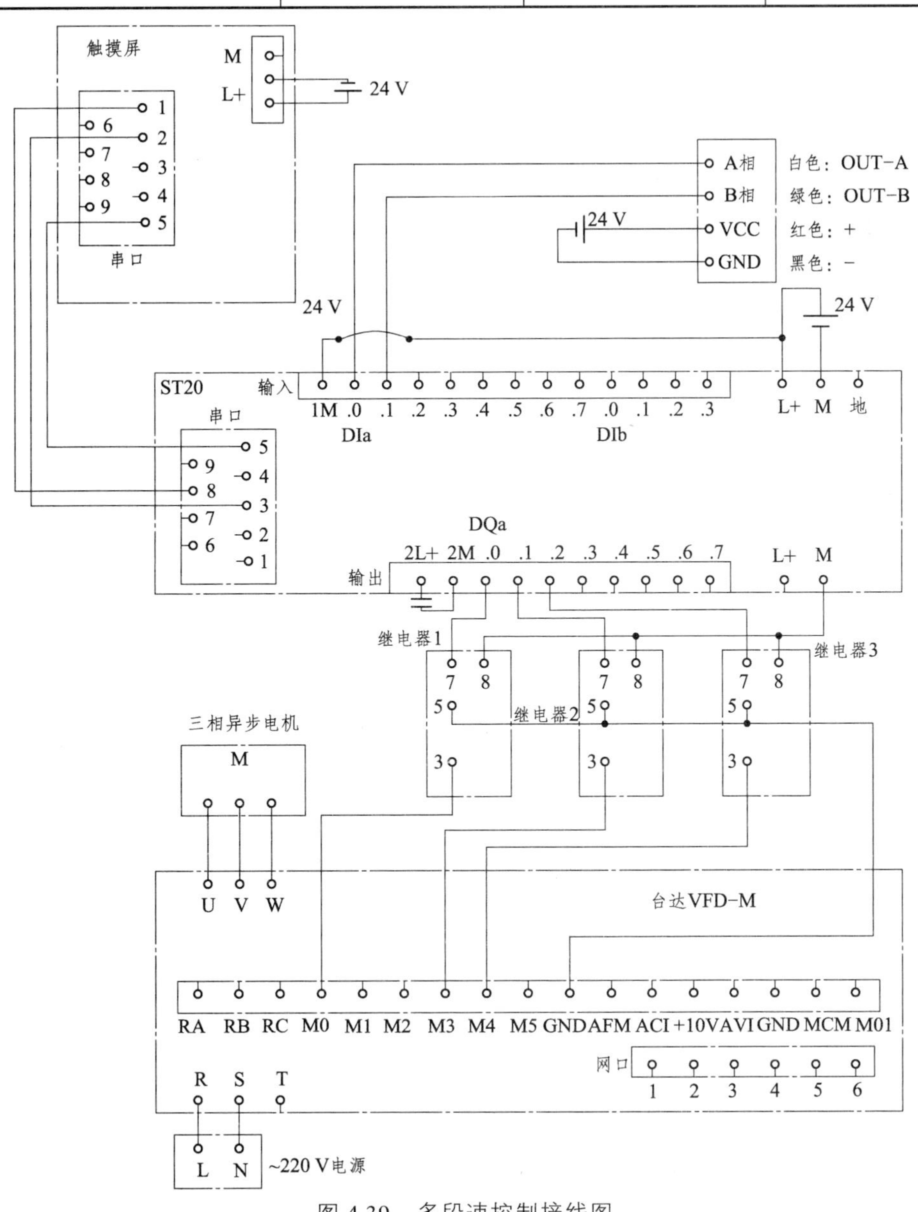

图 4.39　多段速控制接线图

① 编码器需要 24 V DC 供电，其输出线 A 相、B 相分别接 I0.0 和 I0.1。

② 变频器接线：

变频器采用 220 V AC 供电，其 R、S 端子分别与电源的 L、N 相接。

变频器的 U、V、W 端子与三相电机的三相接线相接。

PLC 的输出控制通过中间继电器转换，控制变频器的 M0 端子，M3、M4 端子。由于本实验只进行 3 档速度控制，因此 M5 端子悬空，相当于 0。

（4）变频器参数设置（见表 4.13）。

P00=00：主频率由数字操作器（旋钮）控制。

P01=01：运转指令由外部端子控制，键盘 STOP 键有效。

P03=200：设置最高操作频率，即变频器不能输出超过此设置的频率。

P38=00：设置多功能端子 M0 为正转/停止。

P40=06：设置多段速端子 M3 为多段速指令 1。

P41=07：设置多段速端子 M4 为多段速指令 2。

P17 ~ P23 分别为第一段速至第七段速的频率设定。

这里仅设置 P17、P18 和 P19，即共设置三段频率输出。

表 4.13 输出频率设置

参数	含义	可设置范围	设定值
P17	第一段频率设定	0 ~ 400.0 Hz	40 Hz
P18	第二段频率设定	0 ~ 400.0 Hz	80 Hz
P19	第三段频率设定	0 ~ 400.0 Hz	120 Hz
P20	第四段频率设定	0 ~ 400.0 Hz	0
P21	第五段频率设定	0 ~ 400.0 Hz	0
P22	第六段频率设定	0 ~ 400.0 Hz	0
P23	第七段频率设定	0 ~ 400.0 Hz	0

（5）多段速控制 PLC 程序。

参考程序如图 4.40 所示。

M0.1 为电机启动，M0.2 接通输出第一段频率，M0.3 接通输出第二段频率，M0.2 和 M0.3 同时接通输出第三段频率。

（6）利用编码器获得转速。

PLC 通过组态高速计数器来捕获编码器发出的高速脉冲，本实验台采用的编码器型号为 600P，即编码器转动一圈，将发出 600 个脉冲。以高速计数器 HSC0 的模式 9 为例，说明在 STEP7 中组态高速计数器的步骤为：

① 定义计数器和模式。

首先在工具栏中找到高速计数器，如图 4.41 所示。

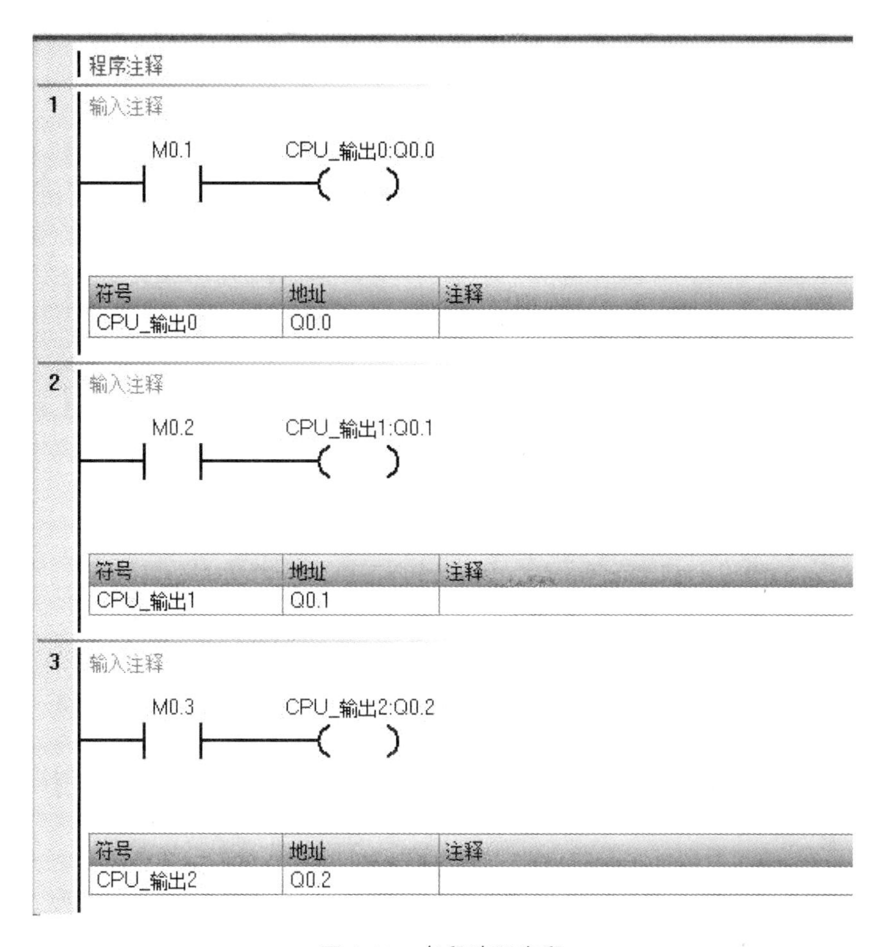

图 4.40　多段速程序段

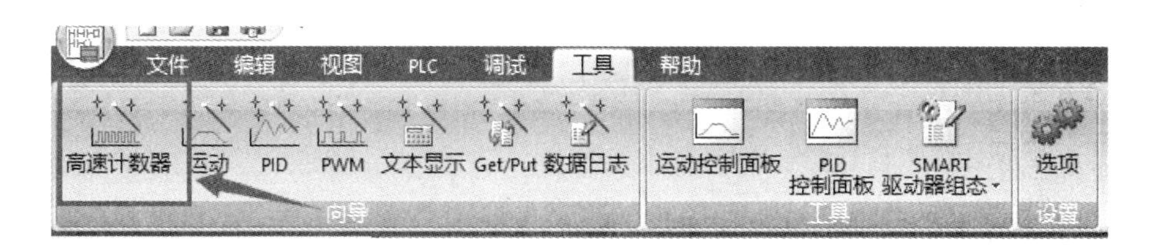

图 4.41　工具栏中的高速计数器

② 单击进入高速计数器向导，如图 4.42 所示。在 1 处选择高速计数器 HSC0，接着如将模式选择为模式 9。模式 9 的含义是采用 A/B 相正交计数器，无启动输入，无复位输入，如图 4.43 所示；接线时将编码器的 OUTA 和 OUTB 分别接在 I0.0 和 I0.1 即可。

③ 配置 HSC 初始化选项。这里将预设值设置为 10000（如果不做中断，只需 PV 不等于 CV 即可）。将计数速率改为 1×（1×表示一倍频率即编码器发出多少个脉冲就计数多少个脉冲，4×表示 4 倍频，即计数为发出脉冲的 4 倍），其他默认不变，如图 4.44 所示。

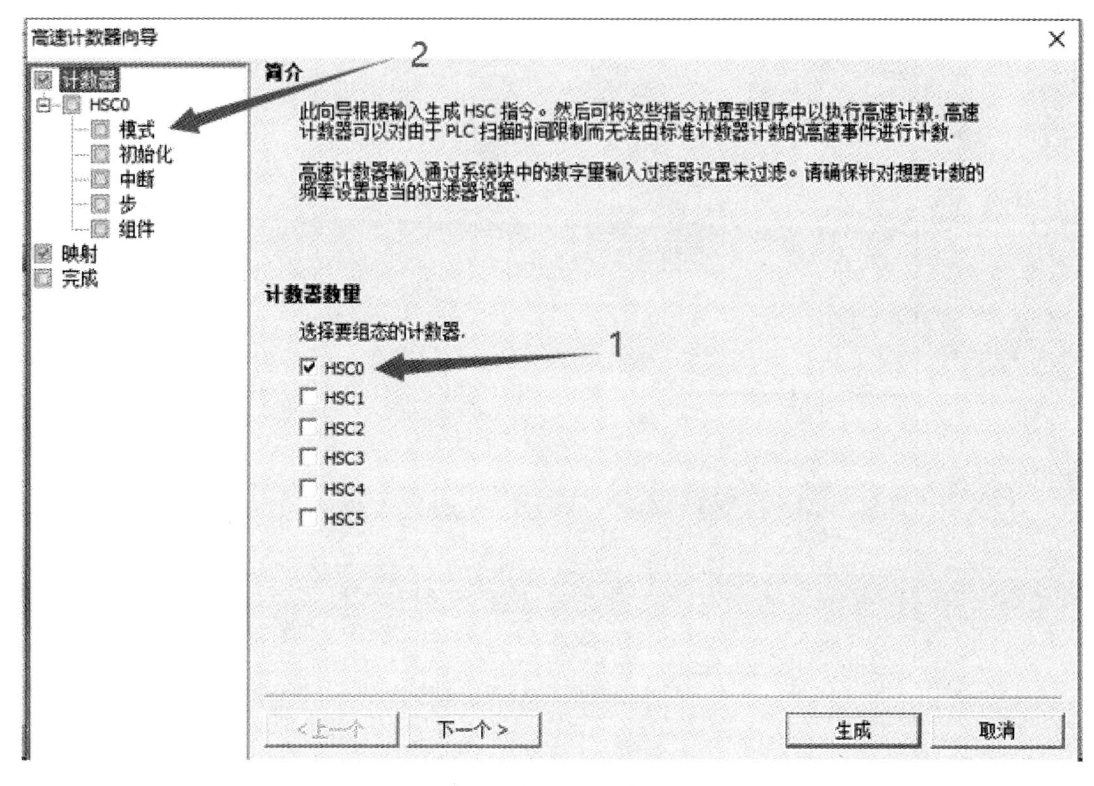

图 4.42　选择要组态的计数器

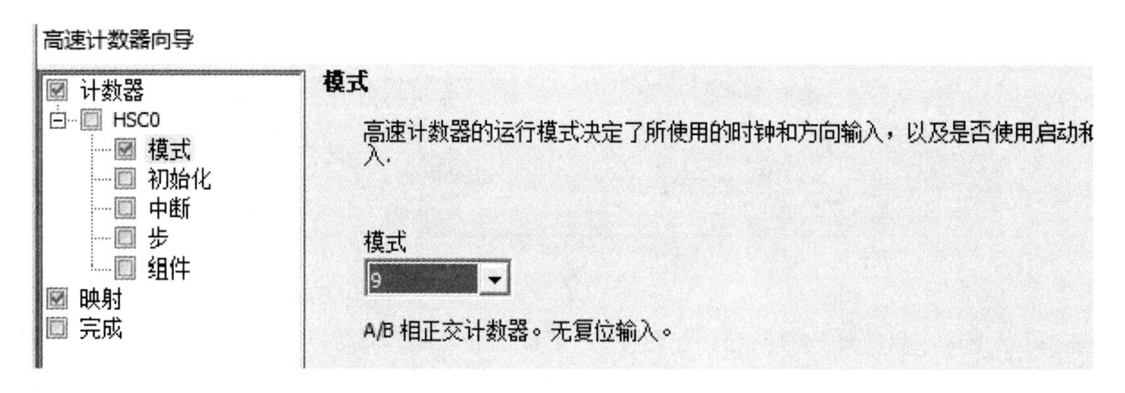

图 4.43　高速计数器模式选择

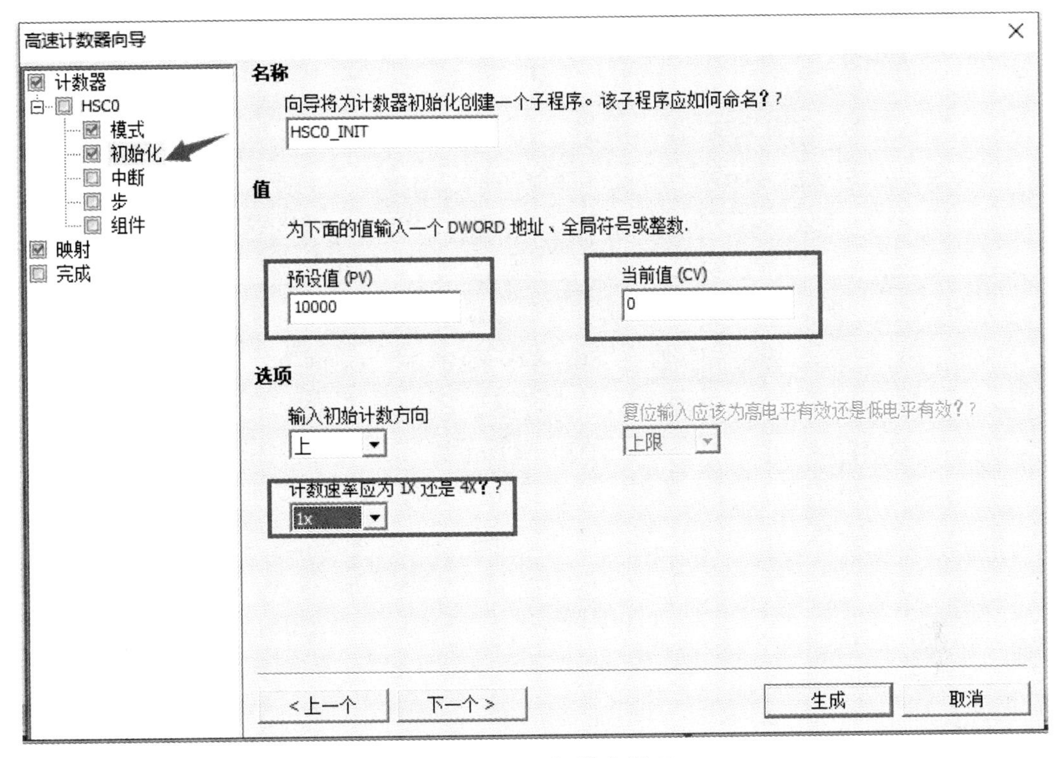

图 4.44　HSC 初始化设置

④ 配置 HSC0 的终中断，这里不设置中断，所有参数默认不变。

⑤ 一直点击“下一个”直到配置完成，如图 4.45 可知 HSC0 分配的输入端口为 I0.0 和 I0.1，所以接线时应该，编码器 A、B 相应分别接在这两个输入端子。

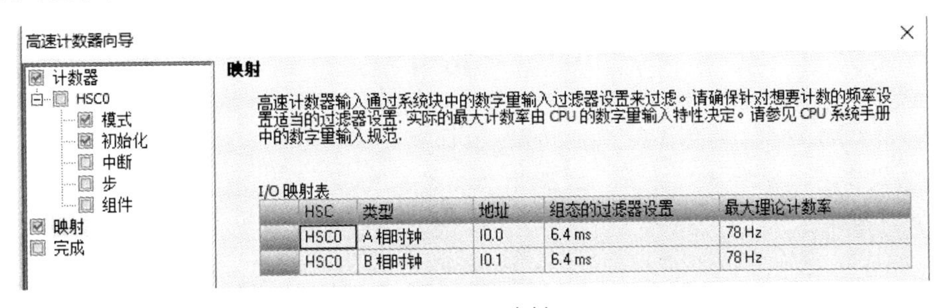

HSC	类型	地址	组态的过滤器设置	最大理论计数率
HSC0	A 相时钟	I0.0	6.4 ms	78 Hz
HSC0	B 相时钟	I0.1	6.4 ms	78 Hz

图 4.45　映射

⑥ 配置完成后，点击“生成”，在子程序下面看见一个新建的子程序，名为 HSC_INIT（SBR1），这个即为配置好的高速计数器子程序。在程序块中也可以看见这个子程序，如图 4.46 所示。

图 4.46　生成的子程序

⑦ 打开这个生成的子程序，如下图 4.47 所示。

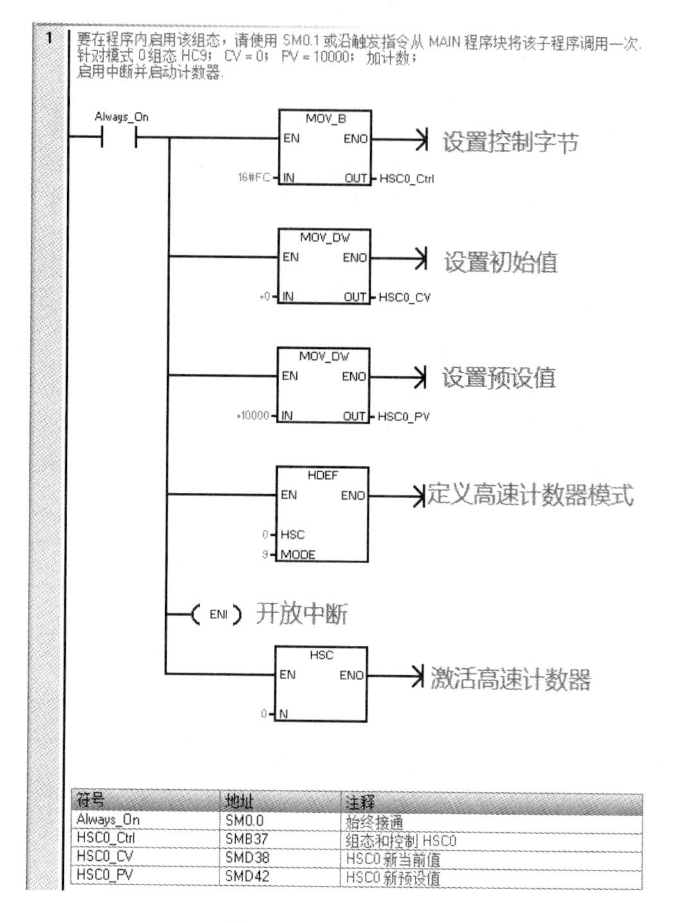

符号	地址	注释
Always_On	SM0.0	始终接通
HSC0_Ctrl	SMB37	组态和控制 HSC0
HSC0_CV	SMD38	HSC0 新当前值
HSC0_PV	SMD42	HSC0 新预设值

图 4.47　HSC 子程序

从程序中可以看出，使用 HSC0 时，当前值保存在 SMD38 寄存器，预设值保存在 SMD42 寄存器。如果要获得电机运行速度，就需要每秒钟或每分钟复位当前 HSC 当前值，即将 0 写入 SMD38 寄存器。

⑧ 将 I0.0 和 I0.1 的脉冲捕捉勾选，并修改滤波时间为 0.2 μs。如图 4.48 所示。

计算电机速度的 PLC 程序如下：

计算转速（r/min）的原理为，每隔 0.5 s（500 ms）采样一次当前高速计数器计数值，转速为=CV/600*2*60=CV/5，然后将 0 传送给 HSC0_CV，将计数器复位，改变当前值后，需要更新高速计数器配置，即将特定的控制字节传送到 HSC0_Ctrl，控制字节如图 4.49 所示。最后组态 HSC0（见图 4.50）。

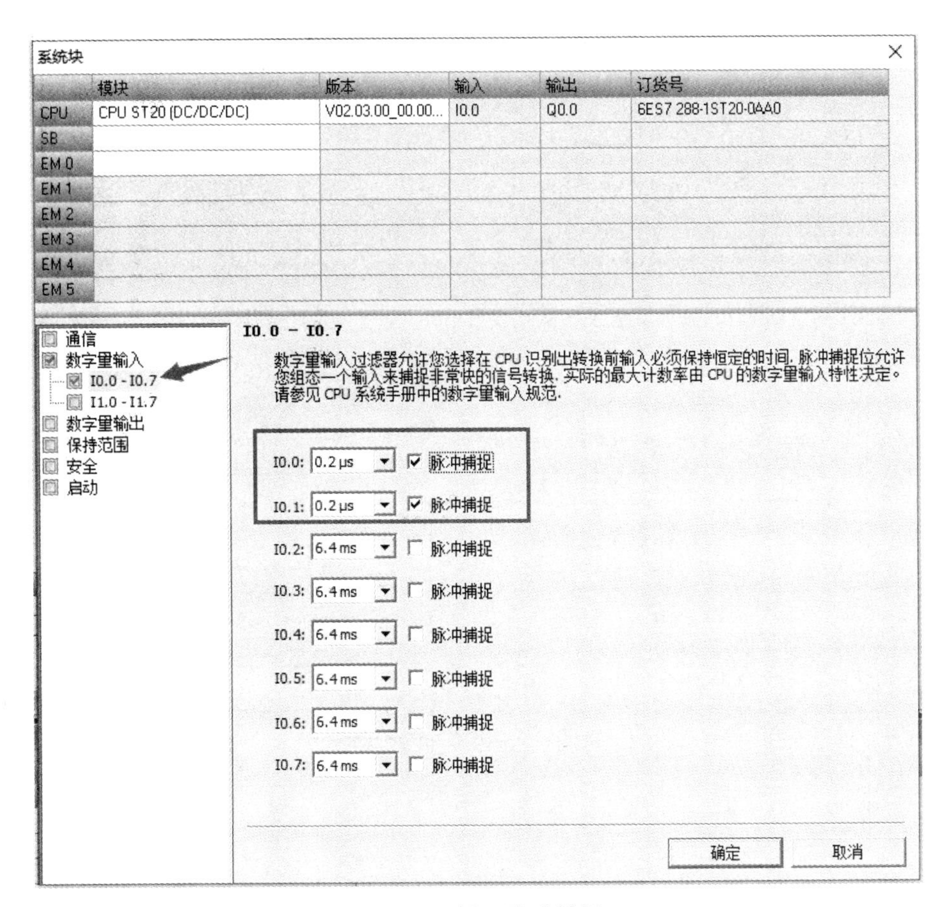

图 4.48 设置脉冲捕捉

HSC0	HSC1	HSC2	HSC3	说明
SM37.3	SM47.3	SM57.3	SM137.3	计数方向控制位： • 0 = 减计数 • 1 = 加计数
SM37.4	SM47.4	SM57.4	SM137.4	向 HSC 写入计数方向： • 0 = 不更新 • 1 = 更新方向
SM37.5	SM47.5	SM57.5	SM137.5	向 HSC 写入新预设值： • 0 = 不更新 • 1 = 更新预设值
SM37.6	SM47.6	SM57.6	SM137.6	向 HSC 写入新当前值： • 0 = 不更新 • 1 = 更新当前值
SM37.7	SM47.7	SM57.7	SM137.7	启用 HSC： • 0 = 禁用 HSC • 1 = 启用 HSC

图 4.49 控制字节

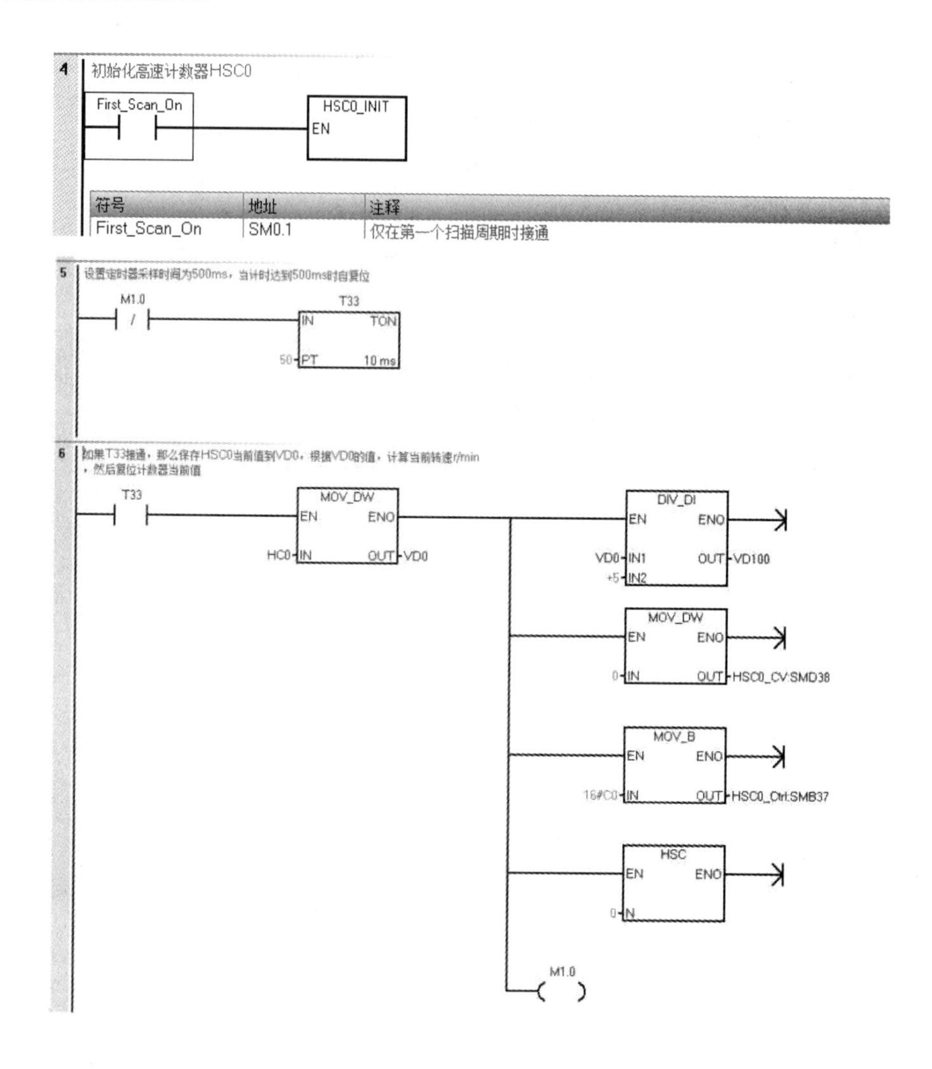

图 4.50　计算电机速度程序

（7）触摸屏组态。

触摸屏组态界面如图 4.51 所示。

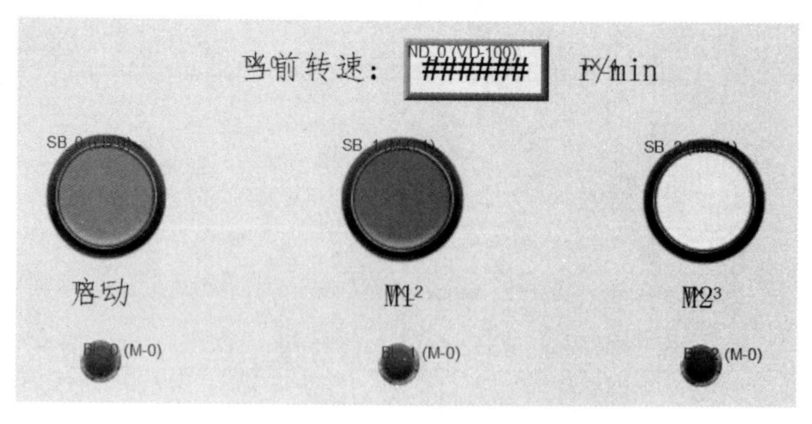

图 4.51　三相异步电机多段速控制实验触摸屏界面

图 4.51 中文本框设置可以参考温度测量实验，注意设置读取数据的格式，这里不再赘述。三个按钮分别控制 M0.1、M0.2 和 M0.3，将开关类型设置为切换型，三个指示灯分别显示 M0.1，M0.2，M0.3 的状态。数值显示元件读取 VD100 的数值，格式为 32-bit Signed，显示格式设置为小数点上 6 位，其中负号也占用一位。

（8）分别下载程序至 PLC 和触摸屏中，连接 RS485 通信线，将 PLC 置运行状态。

4.6 使用伺服驱动器进行伺服电机控制

1. 实验目的

（1）掌握伺服变频器的基本使用方法。

（2）使用触摸屏修改 PLC 输出频率，实现电机速度控制。

2. 实验器材

（1）PLC 一台。

（2）24 V DC 电源。

（3）伺服驱动器。

（4）伺服电机。

（5）编码器。

（6）编程线缆 1 根，导线若干。

3. 实验内容

利用台达伺服驱动器位置控制模式，对伺服电机进行脉冲控制，包括速度控制和正反转控制，将伺服电机转速显示在触摸屏上，并使用触摸屏控制伺服电机的转速和方向。

实验要求：

（1）使用运动控制或者 PWM 完成对伺服电机的控制。

（2）通过触摸屏控制伺服电机启停，通过调整输出脉冲频率，来控制伺服电机的转速。

4. 实验步骤

（1）I/O 分配。

使用触摸屏控制伺服电机启停，PLC 无输入。输出为电机的转速和方向控制（见表 4.14）。

表 4.14 I/O 地址分配

输入	M1.0	伺服电机启动
	M1.1	伺服电机停止
	M1.2	反向按钮
	VW10	脉冲周期
	VW20	脉冲宽度
输出	Q0.0	脉冲输出
	Q0.2	方向输出

（2）确定接线图。

接线图如图 4.52 所示。

① 伺服控制器电源接 220 V AC，其 L1C 和 R 端接电源 L 端；L2C 和 S 接电源 N 端。

② 伺服电机的 3 根线动力线接控制器 U、V、W 端。伺服电机的反馈线 CN2 与控制器 CN2 相接。

③ PLC 的 Q0.0、Q0.2 分别与控制器 CN1 的 39/43 端子相接，2M 与 CN1 的 9/14/35 相接。

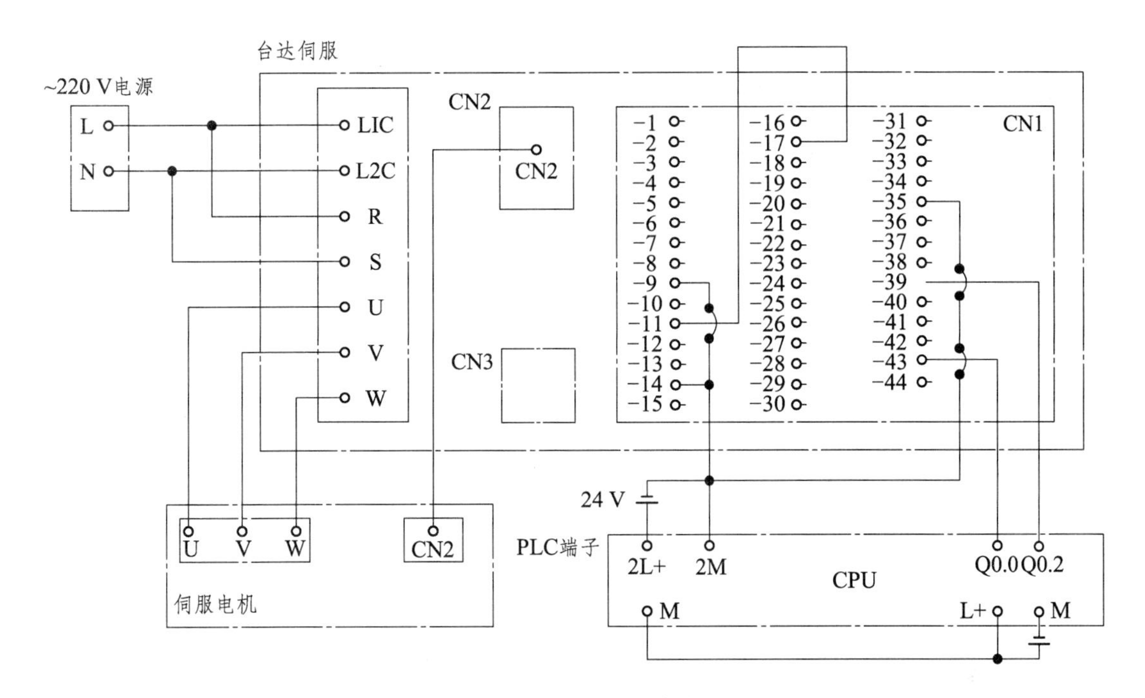

图 4.52　伺服启动器接线图

接线说明：（1）A，B，C，D 分别接电源；（2）E：串口线 CN2 连接伺服电机和伺服驱动器；（3）F：串口线 CN1 一端连接伺服驱动器，另一端连接扩展台，针脚#11 连#17，#9、#14、#35 连 24V 负极。#39、#43 分别接 CPU 的输出。

（3）驱动器参数设置。

P1-00 设置为 2，脉冲+方向的控制模式。

P1-01 设置为 0。

P1-44 为电子齿轮比的分子。

P1-45 为电子齿轮比的分母。

电子齿轮比：即将 PLC 发送给伺服的脉冲数乘以“电子齿轮比”，用所得的结果与编码器的反馈脉冲数进行比较产生控制行为。若伺服电机转动缓慢，请调大电子齿轮比，参数设置对应 P144 和 P1-45。

电子齿轮比分子含义：电机转动一圈所需的脉冲数。

电子齿轮比分母含义：在位置模式中电机转动一圈对应的位移。

如果报警 AL009，那么可以检查电子齿轮比的数值是否过大。

（4）编写程序。

利用驱动器对伺服电机进行位置控制，可参考利用 PLC 运动控制编写的控制步进电机程序，在 PLC 中用脉冲 Q0.0+方向 Q0.2 方式进行编写程序。

这里介绍使用组态 PWM（脉冲宽度调制输出）方式进行编程

① 在工具栏“工具”页签中单击“PWM”，如图 4.53 所示，弹出图 4.54，在图 4.54 中选择“PWM0”，显示图 4.55，这里选择“时基”为“微秒”，点击“生成”按钮。

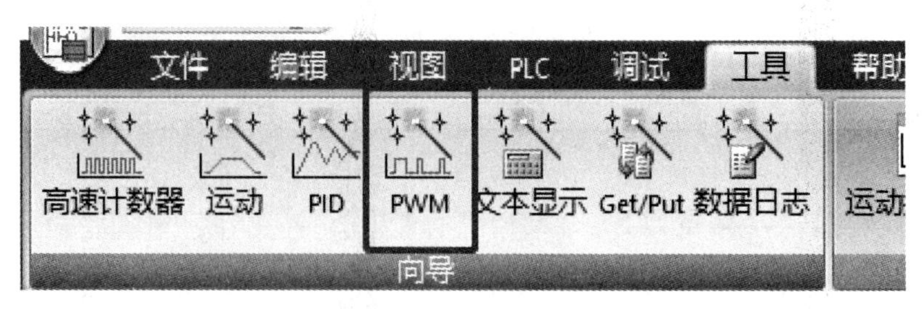

图 4.53 选择 PWM 向导

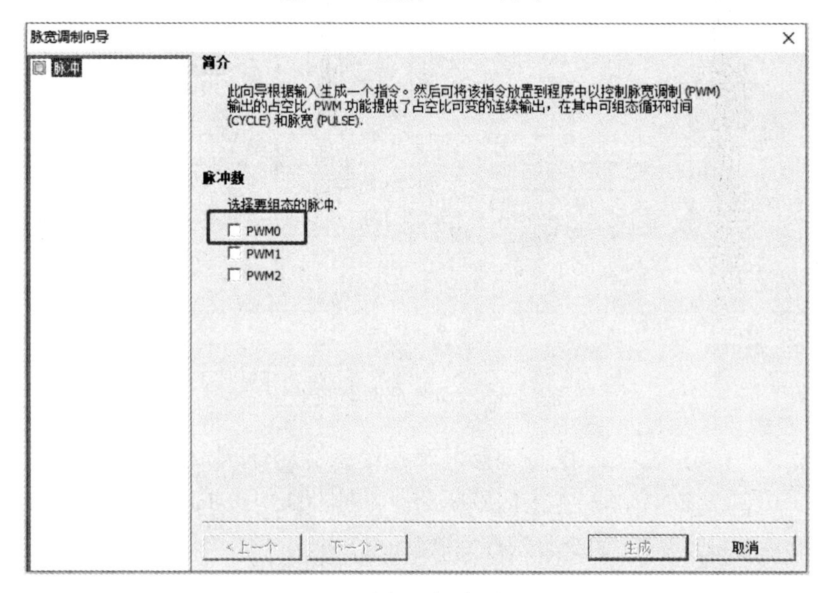

图 4.54 选择要组态的 PWM

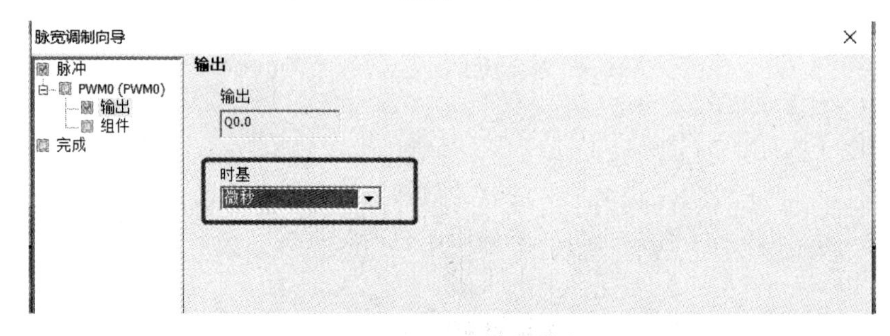

图 4.55 PWM 输出位置

② 完成 PWM 配置后，在调用子程序中出现刚刚组态的 PWM 子程序。如图 4.56 所示。

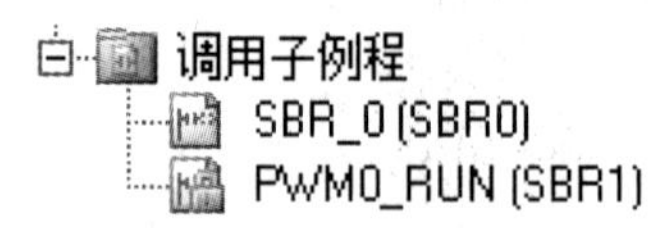

图 4.56 PWM 子程序

③ 编写 PLC 控制程序如下：

地址 VW10 为脉冲周期，单位为 μs，地址 VW20 为脉冲宽度，单位为 μs，Error 输出报警信息。

使用 M1.2 控制电机转动方向，当 M1.2 断开时，Q0.2 倍复位，表示运动正向，M1.2 接通时，Q0.2 置位，运动反向（见图 4.57）。

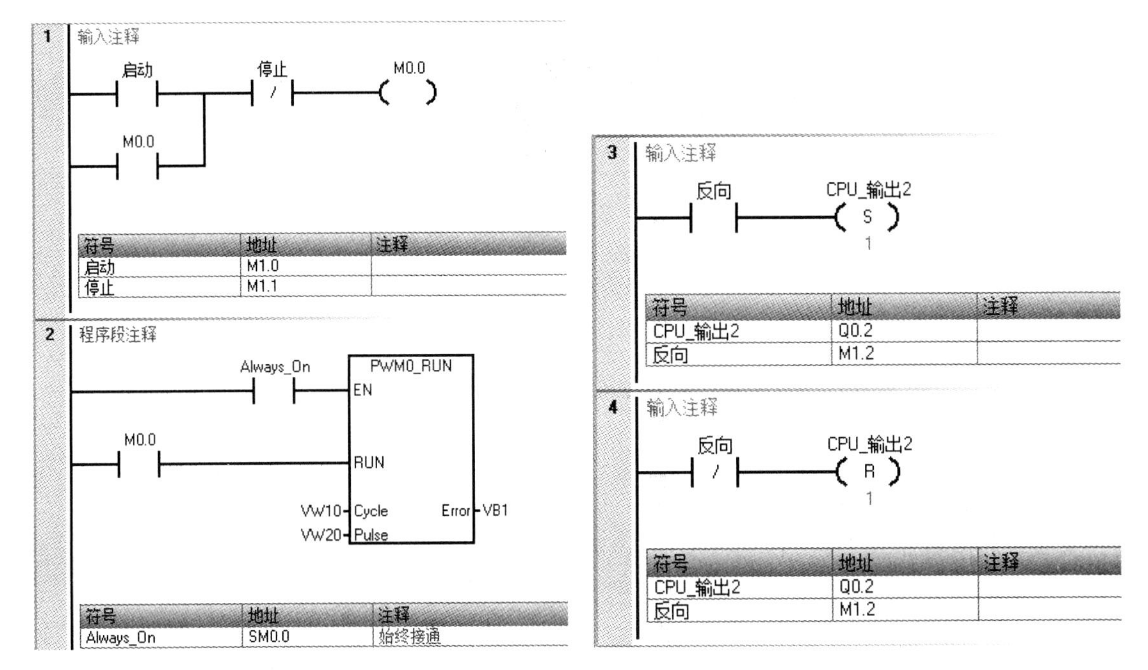

图 4.57　PLC 控制程序

（5）触摸屏程序编写。

组态触摸屏界面如图 4.58 所示。

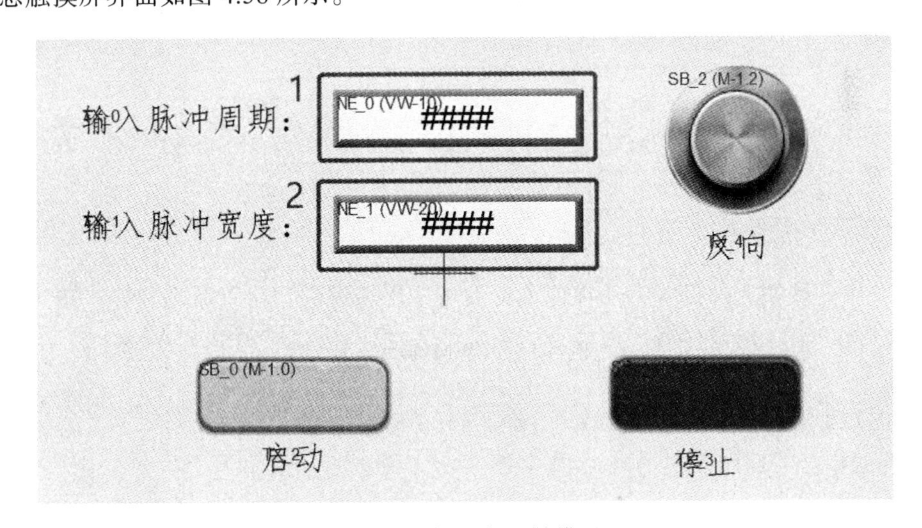

图 4.58　伺服控制实验触摸屏界面

图 4.58 中元件 1 和 2："数值" 元件，可用作输入也可用作输出，设置方法如图 4.59 所示。以元件 1 输入脉冲周期为例，首先勾选 "启用输入功能"，接着在下方 PLC 地址中填入相应地址 VW10，在上方 "格式" 页签中设置资料格式为 "16-bit Unsigned" 类型（见图 4.60），否则数值不能正确的输入和显示。元件 2 的设置方法与此类似。

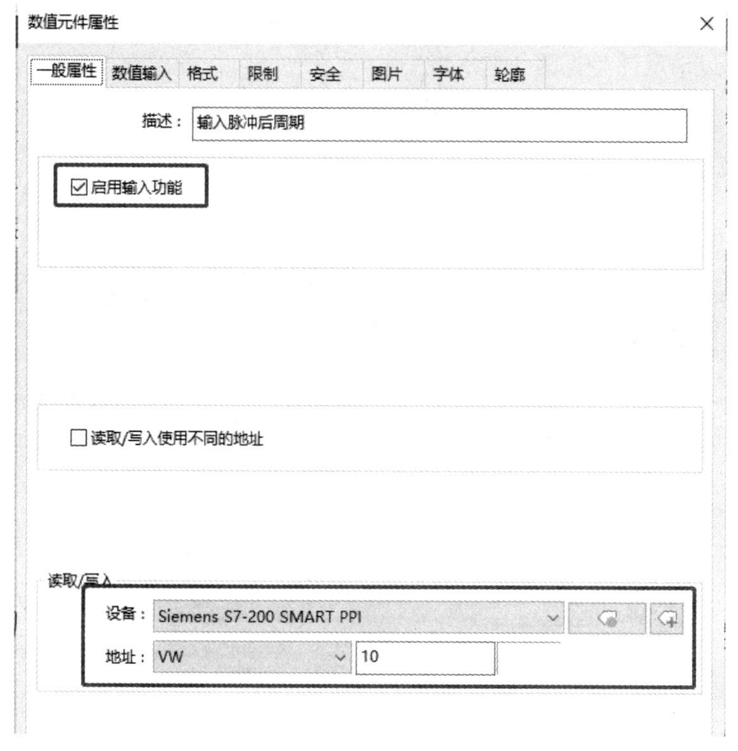

图 4.59　“数值”元件设置

图 4.60　设置“格式”

图 4.58 中的按钮元件设置方法在前面的实验中已经说明，这里启动和停止按钮分别控制 PLC 的 M1.0 和 M1.1 位寄存器，类型为“复归型”；反向按钮控制 PLC 的 M1.2，类型为“切换型”。

注意： ST20 输出脉冲频率最大值为 100 kHz，所以脉冲周期不能小于 10 μs。此不做赘述。

（6）将编辑好的程序分别下载至 PLC 和 HMI，将 PLC 置运行状态。

参考文献

[1] 西门子（中国）有限公司. 深入浅出西门子 S7-200 SMART PLC[M]. 2 版. 北京：北京航空航天大学出版社，2018.

[2] 肖宝兴. 西门子 S7-200 PLC 应用实验与工程实例[M]. 北京：机械工业出版社，2018.

[3] 肖凤，丁艳华. PLC 应用综合实训教程[M]. 镇江：江苏大学出版社，2016.

[4] 向晓汉. S7-200SMART PLC 完全精通教程[M]. 北京：机械工业出版社，2013.

[5] 廖常初. S7-200SMART PLC 编程及应用[M]. 3 版. 北京：机械工业出版社，2019.

[6] 西门子（中国）有限公司. S7-200SMART 可编程控制器系统手册，2012.

[7] 威纶通科技有限公司网站 http://www.weinview.cn.

[8] 威纶通科技有限公司人机界面培训讲义（基础篇 V2.0），2015.

[9] 中达电通股份有限公司. VFD-M 交流电机驱动器使用手册，2021.

[10] ASDA-B2 系列标准泛用型伺服电机驱动器应用技术手册，台达电子工业股份有限公司，2021.

[11] 陈胜工业自动化技术咨询有限公司. 西门子 S7-200SMART 学习箱设备使用手册，2021.

[12] 陈胜工业自动化技术咨询有限公司. PLC 学习箱（200SMART）使用指导手册，2021.